有生以来

生命演化启示录

刘晨光　著

上海交通大学出版社
SHANGHAI JIAO TONG UNIVERSITY PRESS

内容提要

《有生以来：生命演化启示录》是一本为青少年带来科学启迪，助力青少年科学创新的科普读物。

本书以生命演化的历程为线索，深入介绍了生命起源、演化过程及影响因素等丰富内容。从神秘的生命诞生开始，历经漫长岁月的演化，形成了如今多姿多彩的世界。生物演化对人类发展和科技创新都有着深远的影响。

书中通过大量生动的实例和生物演化案例，带领读者轻松理解进化学的基本原理与重大理论，如进化论的发展、表型与行为演化、基因与染色体演化等。了解生命演化，能让我们明白从何而来，更能为未来发展提供启示，引领我们在生命演化的奇妙世界中，探索自然奥秘，走向更加美好的未来。

图书在版编目（CIP）数据

有生以来：生命演化启示录 / 刘晨光著. —— 上海：
上海交通大学出版社，2025.4. —— ISBN 978-7-313-31760
-5

Ⅰ. Q1-0

中国国家版本馆CIP数据核字第2024RC7183号

有生以来：生命演化启示录
YOUSHENG YILAI: SHENGMING YANHUA QISHILU

著　　者：刘晨光
出版发行：上海交通大学出版社　　　　　地　　址：上海市番禺路951号
邮政编码：200030　　　　　　　　　　电　　话：021-64071208
印　　制：常熟市文化印刷有限公司　　　经　　销：全国新华书店
开　　本：710mm×1000mm　1/16　　　印　　张：15.5
字　　数：204千字
版　　次：2025年4月第1版　　　　　　印　　次：2025年4月第1次印刷
书　　号：ISBN 978-7-313-31760-5
定　　价：89.00元

生命演化，启智未来

生命科学不仅是探索生命本质的学科，更是人类文明进步的基石。在基因编辑改写疾病治疗规则、合成生物学重塑工业体系、人工智能解析生命密码的今天，《有生以来：生命演化启示录》的出版恰逢其时。这部源自上海交通大学前沿课程的科普著作，将亿万年的生命史诗化作启迪未来的密钥。

生命演化是自然界最伟大的奇迹之一。从最简单的单细胞生物到如今复杂多样的生命形式，演化的历程充满了奥秘与启示。本书以生命演化为线索，从生命起源的谜题到物种形成的机制，从化石记录的解读到人类演化的追溯，从基因演化的微观世界到宏观演化的宏大图景，为读者展现了一幅波澜壮阔的生命画卷。书中不仅介绍了进化论的发展、表型与行为演化、基因与染色体演化等核心理论，还通过大量生动的实例，让复杂的科学知识变得通俗易懂。

书中从病毒能否定义生命的哲学思辨，到CRISPR基因剪刀背后的演化逻辑；从化石记录中解读环境剧变的生存智慧，到人类大脑进化对人工智能的启示——作者以演化视角串联起生命科学的重大命题。当我们看到病原体与人类在抗药性上的演化博弈，便会理解新药研发为何需要进化思维；当分析历史上的物种灭绝与当代生物多样性危机，就能洞见可持续发展必须遵循的演化规律。这些跨越时空的对话，让达尔文理论在前沿的生命科学领域继续保持光辉。

本书最珍贵的价值，在于将演化论从历史注脚升维为未来方法论。在基因技术可能重塑物种界限的当下，在人工智能试图模拟生命演化的前沿，理解"适者生存"不仅是生物本能，更是文明存续的底层逻辑。期待读者们通过本书，既能在实验室里解码基因编辑的无限可能，也能在宏观尺度思考人类在生命长河中的定位——这或许就是演化给予我们这个时代最深刻的启示。

中国科学院院士

2025 年 3 月

星河璀璨，照见生命来处

透射着微波背景辐射的夜色，如水。

共享着同款粒子组成的星河，低垂。

生命如此美妙，我们却知之甚少。百年茎干构成的案头，摆上了几个月前才摘下的、泡制后的叶片，用煮沸的生命之源——水萃出了其中的次生代谢产物，我们得到了一盏清茶。

手边恰有一卷《有生以来：生命演化启示录》。触碰着植物纤维会感到亲切，闻到了淡淡墨香会倍感宁静，而书页轻翻的沙沙声，仿佛时光流淌的潺潺，让我看见亿万年前原始海洋中第一个生命火花的跃动。

杜布赞斯基曾言："若无演化之光，生物学毫无意义"。这是一部穿越时空的生命画卷。从达尔文笔下加拉帕戈斯群岛的雀鸟，到今日实验室中CRISPR基因编辑的奇迹；从寒武纪生命大爆发的绚烂，到人类基因组计划的壮阔。作者以诗意的笔触，将晦涩的科学理论化作动人的故事，让读者在字里行间感受生命演化的磅礴与精妙。

"天地有大美而不言"，而这本书正是那沉默的注解。你会惊叹于古生物学家如何从一块化石中解读出远古生命的密码，会震撼于分子生物学家如何在基因的螺旋阶梯上追寻生命的起源。那些曾经只存在于教科书中的概念——自然选择、基因漂变、表观遗传——在作者笔下变得鲜活而亲切。书中有趣的案例很多，比如"人类是不是猴子变的？""北极熊为什么不吃企鹅？""已经灭绝的动物能否复活？""大角鹿为啥走入了演化的死胡同？""琥珀里不仅有昆虫，竟然还有恐龙？！"特别值得一提的是，本书将演化理论的历史脉络进行了简洁明晰的呈现，又巧妙地将现代科技融入其中。

这些前沿话题与人类历史交相辉映，让人不禁想起苏轼的"寄蜉蝣于天地，渺沧海之一粟"。以短短百岁人生，却要去理解长达38亿年的生命演化，这做得到吗？当然可以，在浩瀚的生命长河中，我们既是过客，也是见证者。每一个人平均37万亿个细胞，每一个体细胞中60亿个碱基对，都是这38亿年生命演化、甚至是138亿年宇宙演化的积淀。当你照镜子的时候，请一定自豪，你就是这个宇宙中不断涌现的奇迹！

"天高地迥，觉宇宙之无穷；兴尽悲来，识盈虚之有数。"是啊，当你掩卷沉思，或许会想起庄子的"吾生也有涯，而知也无涯"。在我们阅读这本书的时候，这不仅是一次知识的盛宴，更是一场心灵的朝圣。它让我们在惊叹生命奇迹的同时，也思考着人类在演化长河中的位置与责任。你会更加珍惜生命、热爱生活，因为你知道了，每一个生命都是演化的奇迹和恩赐。望每一个阅读此书的人都能够见天地、爱众生、悟自己。

愿这本《有生以来：生命演化启示录》能助你了解演化史的"北斗七星"，为你指引"从何处来、往何处去"的方向；也愿这次阅读之旅，能让你在浩瀚宇宙中，明白"我是谁"，从而找到属于自己的那颗星。

尹　烨

华大集团CEO，生物学博士

2025年3月

有"生"以来，世界变得有意义

是什么赋予了存在的意义，又是什么令"意义"一词有了意义。毋庸置疑，是包括人类在内的生命。这个宇宙在漫长的时间中，遵循着基本物理定律，中规中矩地演化着，恒星点亮又熄灭，物质凝聚又分散。没有观察者的存在，宇宙的所作所为有何意义？

生命，来自演化的鬼斧神工，使用简单的底层规律构建出纷繁的高阶形式。犹如将底稿上色成为油画，生命的出现令寂寥的宇宙庭院充满了生气。有"生"以来，世界繁花盛开；有"生"以来，世界莺歌燕舞；有"生"以来，世界诞生了懂得欣赏她的人，世界开始变得有意义。

"我是谁？从哪来？到哪去？"这个经典哲学问题，自己探索意义更大！想必对于进化论和达尔文，大家都不会陌生，几乎人人都能说出"物竞天择，适者生存"的理论，也能举出耳熟能详的长颈鹿脖子变长的实例。但是生命演化的创造力远远超出人类的想象，你们知道下述事例及其原因吗？

- 野兔和家兔不是一种兔，而狼和狗居然属于同一种；
- 北极熊不吃企鹅不仅仅是个脑筋急转弯；
- 有人的确能看到其他人看不到的东西；
- 鮟鱇鱼找对象的过程堪比恐怖片；
- 呆萌的考拉是名副其实的"呆"；
- 琥珀里不仅有昆虫，还有恐龙……

《有生以来：生命演化启示录》将带来有趣、前沿和富有启发的内容，通过有趣的身边事例、前沿的科学发现，为读者带来深刻的思维启发，助力读者站在"巨人"的肩膀上开拓创新。

如何更好地使用本书

本书除了正文内容外，还设置了"博闻""深思""前沿瞭望"等内容，希望帮助读者获得更多的基础知识和前沿研究，引导读者进行深入思考，从而可以科学地认识世界、解决问题。

"博 闻"

拓展相关知识，如概念解释、知识总结、名人介绍等，帮助读者更全面地了解相关内容。

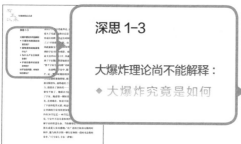

"深 思"

由相关内容引发问题，引导读者大胆思考、不断探索，培养读者提出问题和解决问题的能力，开拓读者思维的广度和深度。每章正文后有"深思"问题的提示。

前沿瞭望　长颈鹿成了达尔文和拉马克进化论中脖子真的是越长越好吗? 可在微信公众号

"前沿瞭望"

每章正文后提供了扩展阅读，是微信公众号"生态与演化"中的相关文章，这些文章的资料来自近 10 年发表在顶级期刊上的相关研究论文，是参与作者讲授的上海交通大学通识课程的学生查找、翻译、总结的，让读者能够站在高处眺望学科的前沿动态，了解最新的研究成果和发展趋势，保持对知识的敏锐洞察力。

目 录

第1章

不停演化的演化理论：
演化现象及理论

　　某大学环境学院与生命学院要合并，那么新学院的名称该如何选定呢？是"环境与生命科技学院"还是"生命与环境科技学院"？我更喜欢把生命放在前面，这样新学院的名称缩写就会变成"最好"（BEST, biological and environmental science and technology）。两院师生围绕着院名展开了大讨论，无意中提供了一个深入思考环境和生命之间关系的机会。支持环境优先的一方认为，环境是生物生存的时空，环境塑造生物、改造生物；支持生命优先的一方则认为，生命的存在赋予了环境研究的意义，生物也会反过来重塑环境。这是真实的学院名称之争，虽然最终院名的确定要综合考虑多方面的因素，但由此引发的学术争论十分有意义，它让大家都能认真思考生命和环境之间的关系。演化的研究，无法脱离环境只谈生命，既然不可分，那就不要强行区分。

博　闻

生物学 biology

研究生命的科学。它跨越了从生物分子和细胞到生物体和种群的多个层面。

生态学 ecology

研究生物与其物理环境之间关系的自然科学。

环境科学 environmental science

是将物理学、生物学和地理学结合起来研究环境和解决环境问题的跨学科学术领域。

　　通常，"环境科学"和"生态学"经常互换使用。

唯一不变的是变化：万物演化

生命是怎么来的？为什么有如此多的复杂性？其中蕴含哪些机制？这些问题需要进化学（evolution）来解释。大家耳熟能详的"进化"，其实翻译为"演化"更为贴切。英文"evolution"一词，起源于拉丁文"evolvere"，原意是将卷在一起的东西打开，就像大树从主干到分支的开枝散叶。它也指事物的生长、变化或发展，包括宇宙的发展、物质的演变、文化和观念的转变等。"进化"一词隐含着"前进"的意味，无意中加入了主观色彩，而"演化"则是更为客观的描述，无所谓"进退好坏"，自然的鬼斧神工还是不要加上人为的感情色彩更好。但考虑到两种翻译在中文作品中都已广泛使用，并被学术界认可，因此本书中的"进化"与"演化"表达的含义完全相同。与"evolution"非常接近的著名英文词汇是"revolution"，是指反复演化吗？其实它的拉丁词根是"revolutio"，原意为"a turn around"，这个意思与"敢教日月换新天"的革命含义比较相符。在学术上，既要有步步为营循序渐进的"evolution"，也要有打破藩篱不囿于权威的"revolution"。

演化是一个被动的过程，几乎没有生物能够主动选择自己的"变化方向"，自然选择执行了末位淘汰机制，不适合环境的生命个体很难将自己的设计方案传递给后代，而适应环境的个体则有机会将其成功案例复制扩散到后代群体中，假以时日，我们就看到了"存在即合理"的生物们。流传甚广的表述模式"某生物为了适应某特定环境而演化出某器官或能力"，在本质上是具有误导性的，掩盖了生物演化并非主动的事实。如果仅是出于便于表述的目的，大家可以在听到上述表述时，脑补出本段中彩色字的内容，这些内容才更符合科学的真相。

生命的演化必须结合环境因素去理解。让我们溯源到万物演化的起点，简要回顾宇宙是怎样为生命起源创造了条件，并且不断推动了生命演化的。

宇宙物语

"往古来今谓之宙，四方上下谓之宇。"宇宙是由空间和时间及其内容组成的。宇宙为万物的演化提供了场所、时间以及物质。虽然宇宙的起源距今无比遥远，但科学家们凭借物理学工具和对宇宙的细致观察，依然详细地描绘出宇宙诞生的场景。这些细节甚至比人类对海底的认知都要详细。空间和时间是在（137.87 ± 0.20）亿年前一起出现，从那以后宇宙一直在膨胀。目前可观测宇宙直径约为930亿光年，而整个宇宙的空间大小仍是未知。

上述数据是基于主流的大爆炸理论（Big Bang）而得出的，这一理论描述了宇宙如何从高密度和高温的初始状态膨胀成现今的模样，为广泛的观测现象提供了全面的解释（见图1-1）。在大爆炸理论的证据中，哈勃定律表明了宇宙正处于膨胀的过程，那么逆时间流而上的宇宙必然是极小的状态。此外，微缩宇宙才能使整个宇宙维持均匀，现今宇宙各处的物质元素分布相同、微波背景辐射几乎不存在差异等都是证据。大爆炸理论中的宇宙之初是一个体积无限小、温度无限高、能量无限大、没有空间、没有时间的奇怪的点。因此，宇宙起点被称为"奇（qí）点"。

奇点是如何开启宇宙历史的？"菩提本无树，明镜亦非台。本来无一物，何处惹尘埃！"（《菩提

博　闻

大爆炸理论的证据

哈勃定律
Hubble's law

距离我们越远的星系离开我们的速度越快。

原初元素丰度
abundance of primordial elements

宇宙几乎都是由氢和氦组成的。

宇宙微波背景辐射
cosmic microwave background

宇宙所有方向有几乎一致的微波辐射。

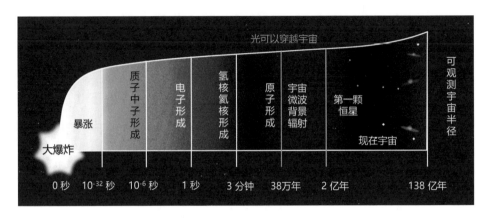

图1-1　宇宙演化过程

偈》，惠能）我国古代一些哲学家认为世界的本源是空，是无一物。而现有的物质理论也认为比夸克还小的物质单位有可能是一维振动的弦——弦理论可谓"玄之又玄、众妙之门"。由于未被证实，因此它和平行宇宙等理论成为许多科学幻想作品的灵感来源。爱因斯坦的质能转化方程（$E = mc^2$）将能量和物质关联了起来。核电站的放射性元素损失了质量而产生能量；反之，能量大于 1.02 MeV 的 γ 光子从原子核旁经过，受到库仑场作用转变成一对具有质量的正负电子。1.02 MeV 即是正负电子的静止能量，其余能量成为正负电子的动能。因此，纯能可以产生物质；奇点拥有无穷能量，有创造万物的魄力！

　　奇点不明原因地发生了大爆炸，宇宙从此开始计时。宇宙爆炸与通常的物理爆炸不一样，它是宇宙自身结构的极速扩展。从 10^{-36} 秒持续到大爆炸后 10^{-33} 至 10^{-32} 秒之间，宇宙处于暴涨（inflation）时期，宇宙从原子核大小膨胀到太阳系大小，但光传播的距离还仅仅是原子尺度。暴涨之后的宇宙继续膨胀，但速度低得多。物质和能量之间的相互转化一刻不停地发生，纯能量转变为数量相等的正反粒子，数量相等的正反粒子湮灭变成能量。一种尚未被解释的原因使得正粒子的数量略高于反粒子数量的三千万分之一，因此我们这个世界成了正物质的世界。

但随着温度的下降，使用纯能量转变为物质的过程逐渐减少，物质也能稳定存在。10^{-6}秒，夸克和胶子结合形成了质子、中子，宇宙的温度无法支持新的正反质子、中子的形成，随着正反粒子的湮灭，宇宙中仅仅残留了正质子和正中子。1秒后，宇宙温度连质量为质子千分之一的电子都无法生成了，正电子消耗完所有的反电子，电子数量也稳定了下来。3分钟，宇宙温度降低到无法让质子、中子保持游离状态的程度，重氢原子核（包含一个质子和一个中子）和氦原子核（包含两个质子和 1 ～ 2 个中子）形成。这可以使用原初元素丰度的理论和观测来推断。

高温的宇宙使得电子能量巨大，它们自由自在地在空间中高速运动，无法安定地固定在原子核的周围。但这一状态终于进入人类可以触及的领域——等离子体。等离子体能够吸收光子，虽然吸收后又能很快地放出新的光子，但由于粒子众多，光的传播严重受到影响。宇宙成为一锅不透明的等离子汤。每个光子都能按照光速飞奔，但是他们的运行方向却不停地被粒子改向。这样的现象在太阳中也正在发生。

当宇宙继续膨胀到37.9万年，温度降低到终于令电子不再疯狂，安定地与原子核结合成了原子，光子也获得了在空间中穿行的自由，宇宙开始变透明。宇宙大爆炸以来的最后一抹光开始在广

深思 1-1

为什么正反粒子的数量不同，是谁偷走了反粒子？会不会在隐秘的角落，还存在一个由反粒子构成的世界？

深思 1-2

太阳中心的光线需要多久到达你的眼睛？
A. 8 分
B. 1 天
C. 10 年
D. 大于 5 000 年

深思 1-3

大爆炸理论尚不能解释：

◆ 大爆炸究竟是如何发生的？

◆ 暗物质和暗能量是什么？

◆ 为什么产生正物质世界？

◆ 宇宙的最终归宿是怎样的？

对于这些问题，你有怎样的想法？

衮的宇宙中以光速奔走，但由于宇宙空间膨胀的速度大于光速，这将注定是一段没有终点的追逐。爆炸最后的辉光经过长时间的传播，能量逐渐降低成了 2.7 开的微波辐射。由于其在宇宙各处都存在，因此被称为宇宙微波背景辐射，成为现今能够观察到的宇宙大爆炸残影。而且该辐射非常均一，温差最大仅约 0.000 2 开，因此，当《三体》中科学家看到了宇宙微波背景辐射在大幅度变化时，那确实是"整个宇宙为你闪烁"的旷世奇观！

在透明的宇宙中，除了创世的余晖再无其他光芒，这一黑暗时期持续到了宇宙诞生后的 2 亿年。引力使物质聚拢坍缩，强大的压力和高温将氢原子核无限挤压，最终超出了核与核之间的强相互作用力，"强扭"出了新的"瓜"——氦原子，释放光与热的核聚变开始了。物质在 2 亿年后将部分能量又还给了宇宙。随着第一颗恒星被点亮，宇宙开始再次有光，直到现在。恒星不仅带来了光，还为宇宙提供了丰富的化学元素，而这些元素的排列组合进一步让单调的宇宙变得更加繁盛。宇宙中恒星总数大约有 20 万亿亿～ 40 万亿亿颗。经过 138 亿年的演化，宇宙中不仅有着恒河沙数的恒星，还有能够理解宇宙的智慧生命。当你仰望星空，可以和身边的朋友或爱人发出感慨："在广袤的空间和无限的时间中，能与你共享同一颗行星和同一段时光是我的荣幸。"（《宇宙》，卡尔·萨根）

地球简历

相比于宇宙演化前期超高温、超高密度、超光速膨胀、能量物质转化等的波澜壮阔，地球演化更容易被人类所理解。在电影《流浪地球2》中，周老师给麦克看的"小白点"照片，是一艘真实的人类航天器——旅行者1号——在1990年拍摄的地球照片。这个放在太阳系中很不起眼的小点，是迄今为止知晓的唯一可供人类生存的星球。

像地球一样的固态行星的出现，暗示着至少有一颗恒星的死亡。恒星工厂通过原子核融合产生了巨大的能量，也构建出了重元素。随着死亡恒星的绝唱——超新星爆发，恒星将元素产品喷射到宇宙中。在恒星死亡的残骸中，引力重新汇聚了物质，点亮了新的恒星，而喷射出去的物质，则凝聚形成了行星、矮行星、卫星、小行星、彗星等。犹如贪食蛇的游戏，有竞争力的"大石块"收纳了轨道范围内的物质，将其变成自身或者成为自身的卫星，自己则成长为独霸一方的行星。

与其他行星的单调外观相比，地球更具魅力，它可以分为5种模式、6个颜色阶段，如图1-2所示。

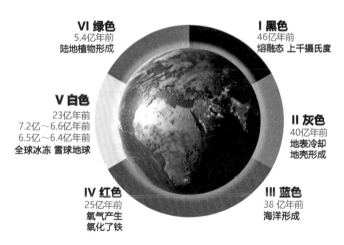

图1-2　地球演化的彩色过程

● 炼狱模式（黑色与灰色）

地球诞生于46亿年前，早期的地球就像是传说中的炼狱：天空中不停地落下陨石，地面上都是烈火——准确地说那时地球都没有所谓的地面，天外来客的不停撞击把星际物质的动能转化为热能，地球成为熔融的岩浆海。这一时期是地球的黑暗时期，不可能有任何生命在这样恶劣的环境中产生。能产生的是地球的"小跟班"——月球。关于月球的起源有众多理论，如分裂理论、俘获理论、同源理论等，但主流观点碰撞理论认为曾有一颗火星大小的天体与地球相撞，肇事双方的物质混合后被抛出，再次聚集后分别形成地球和月球。这与地月组成成分相似的观测结果完美符合[1]。

经过冷却，熔融地球出现了硬化的地表，依然较高的温度令地球光秃秃的，没有海洋和大气覆盖，地球成了一颗灰色的星球。虽然地球表面死气沉沉，但它仍有一颗躁动的心，地球内部的运动依然没有停止，现今的地球还会时不时地发生火山喷发。然而月球作为地球的双胞胎弟弟，由于体积小、散热快，很快停止了内部的岩浆活动，这种通体冷却的状态可称为星球的"死亡"。嫦娥五号采集的样本展示：在19.6亿年前，月球上仍存在火山活动。这使得月球的地质活跃期比之前的报道延长了10亿年[2]。

● 水球模式（蓝色）

来自天外的彗星和陨石，以及来自地球深处的岩石成为海洋的源头活水[3-4]。水并非罕有之物，宇宙中含量第一和第三的元素形成的化合物，理应随处可见。人们不仅在月球上发现了冰，也在火星的两极发现了冰，甚至火星南极的冰层下面存在大量的液态水[5]。在太阳系中，木卫3上的水甚至比地球上的还多。

● **氧化模式（红色）**

液态水的存在孕育了地球生命，随着光合作用的出现和普及，海洋中的氧气大量产生，这些氧化性强的氧气并没有直接进入大气，而是先在还原性的海洋中发生了大规模的氧化反应。其中最具代表性的就是把铁氧化成三价铁离子。红色的三价铁离子染红了整个地球上的海洋，"血之海"的壮观景象也被地层中红色的沉积岩所铭记（见图1-3）。在海水中的大规模氧化反应终结之后，氧气才有机会扩散到大气中，使大气中的氧含量上升。

通过观察一个星球的大气，科学家便可推断出该星球是否有生命存在。例如，在宜居的系外行星上同时检测到大量 CH_4 和 CO_2，就是一个可信的生命存在的特征[6]。2020年，英美团队发现金星大气中有磷化氢（PH_3）分子，从而推断出两种可能：① 金星上存在某种从未被了解的化学反应；② 金星大气中的生命造就了这些气体[7]。虽然后来这一激动人心的发现被证明是测量错误，但使用大气成分推断生命是否存在的方法是被大家认

深思 1-4

地球在冷却阶段奠定了"水球"的基础，从而有机会孕育出生命。相比于火星落下的二氧化碳之雪，金星降下的硫酸雨，地球上大量较为干净的盐水聚集为海洋，而海洋作为我们公认的生命的摇篮，你认为它具有哪些物理性质与化学性质，而使其与众不同呢？

图1-3　地层中红色的沉积岩（纪念碑谷，美国）

可的。

● 雪球模式（白色）

地球在成长的过程中也经历过低潮期——全球的低温，整个地球除了赤道外都被厚实的冰盖所覆盖，甚至有时连赤道地区都会出现厚达1千米的冰层。在这样极端的冰封状态下，生命几乎不能存活，这也是地球上的生物集群灭绝（又称大灭绝）时期。"雪球地球"产生的原因可能是光合作用大量消耗温室气体二氧化碳和甲烷，造成全球温度下降，随着冰雪覆盖大片陆地，阳光被冰雪大量反射，进一步加剧了气温下降的趋势，因此降温的恶性循环将地球完全冰封。但危机本身具有双重含义，"危险"之后紧跟着"机会"，在每次冰封结束之后，都会迎来物种的大爆发，"一代新种换旧种"[8]。相对于地球所经历过的骤热骤冷、烈焰与寒冰的交替，如今的气候温和得简直就是天堂。现在我们所担心的全球变暖，在地球漫长的演化长河中，也许并非特别的事情。

● 植物模式（绿色）

5.4亿年前，植物开始登陆，荒凉的陆地上很快被绿色植物所覆盖，登上新大陆的植物们不仅接过海洋藻类的造氧接力棒，继续推高了大气中的氧含量，在石炭纪末期（约3亿年前）达到了35%的最大值；还通过自身对水土的调节能力，造就了一片片适合生命繁衍的新环境。植物对地球的改造，彰显了生命的顽强和多种可能性。

《三体》中有这样一段对话。"生命能存在的环境，各种物理参数都是很苛刻的……这不是表现出明显的智慧设计迹象吗？"反驳者说："你是不是以为，生命只是地表一层薄薄、软软、脆弱的东西？那你忽略了时间的力量……生命也许不能造山，但能改变山脉的分布……如果没有生命，现在的大气成分……可能已经无法阻拦紫外线和太阳风……所以，现在的地球，是生命为自己建的家园，与上帝没什么关系。"这段非常精彩的描述展现了生命对地球改造的能力，但后面紧接着发问的一句话，才体现了这部雨果奖获奖作品的过人之处——"那宇宙呢？"

深思 1-5

地球的下一个模式会是什么样子呢？近些年来地球气候环境开始出现异常，这是否代表着地球即将向下一个形态演化？当前地球气候变化的原因是什么？对未来会有什么影响？

深思 1-6

我们看到的宇宙是自然的宇宙，还是已经被智慧生命体改造的宇宙？既然植物对地球环境能够有决定性的影响，为什么其他生命形式就不能改造宇宙？我们在水族馆里建造的巨大水池，足以让一些小鱼认为这就是世界，我们是否也在一间大型的水族馆里而不自知呢？对于这些问题，你有怎样的想法？

一波多折的理论认知：进化论

演化理论也在不断地演化，其发展轨迹可以根据著名科学家达尔文的研究而划分为3个阶段，即达尔文前的认识积淀、达尔文的划时代理论和达尔文后的持续完善。

达尔文前的认识积淀

世上的一切来自哪里？直到现在，人类仍在寻找答案的道路上，更不要说人类初次登台的鸿蒙初期。对于生命起源的疑问，早期人类自然而然将其归因于超自然力量。但不要对此嗤之以鼻，在人类社会发展的初期，"神"这个概念是一种非常"先进"的思想，帮助人类解决了对未知世界的恐惧——所有事物都可以用神来解释。

● 神学认知——甩"锅"给神

人类能够抽象出并不存在的事物，通过群体交流得到共识，这一行为已经把其他动物远远地甩到身后了。况且，现在的人们也在做类似的事情，只不过表述更科学些。世界受到物理规律的支配，如4种基本力、质能转化、相对论、统一场理论等，古人也认为存在某些规律，并简单粗暴地把规律都称为"神"。把现今科学表述中的专业词汇以"神"来替代，也能得到与神创论相似的说法。如"无机分子的自然演化形成了生命"，古人会说"神创造了生命"；"奇点大爆炸产生了宇宙"，古人会说"神创造了宇宙"。"神"可作为某种待发现规律的暂时替代词。虽然对未知的表述较为接近，但科学鼓励人类积极发现并应用规律去改造世界，而非通过虔诚的祈祷去解决问题。

神创论也叫特创论，认为生物界的所有物种（包括人类），以及天体和大地，都是由上帝创造出来的。万物一经造成，一般不再发生变化，即使有变化，也只能在该物种的范围内发生变化，绝对不可能形成新物种。各种生物之间都是孤立的，相互之间没有任何亲缘关系。18世纪以前，《圣经》及其宣扬的神创论在西方学术界、知识界以及整个西方文化中占据着统治地位。神创论之所以得到当时人类的认可,是因为人类无法在短期内观测到生物演化的长期过程,因此万物"不变"的思想最符合追求简洁的思考方式。

中国的哲学思想中,对万物的起源更关注于"变化",道德经中的"道生一,一生二,二生三,三生万物"用极简描述展现出事物由简单到复杂的演化过程,反映出了演化中"展开"的理念。易经中的"天地交而万物通,上下交而其志同"更具化地把万物来源归因于天与地的交流中。以科学眼光审视,敢于承认"世界是变化的"是一条正确的思考道路。

● 早期认知——修修补补

神创论的早期观点几乎都是朴实的唯心主义,来自人们的纯粹思考。真正使用科学的研究方法去解释生物起源的第一人是乔治·居维叶(Georges Cuvier,1769—1832)。他也是解剖学与古生物学的创始人。居维叶通过分析远古生物的化石,根据各个地层中生物的差异提出了灾变论,否定了神创论中生物一成不变的观点。但是遗憾的是,居维叶是一名坚定的神创论支持者,他仅是根据科学观察证据对神创论进行了修正,而非推倒神创论的大厦。由于当时化石证据短缺,没有任何痕迹显示演化的过程,带来物种在地层中都是以突发性方式出现的错觉。居维叶反对早期的演化思想,认为地球上已发生过4次灾害性的变化。最近的一次是距今5 000多年前的摩西洪水泛滥,这使地球上的生物几乎荡尽,因而上帝又重新创造出各个物种。可以看出,即便采用了科学的观察和推理方式,如果最基本的哲学方向出现了偏差,也会导致完全不科学的结论。

● 拉马克的进化论——平地惊雷

第一次提出完整进化理论的科学家是大家熟知的让·巴蒂斯特·拉马克(Jean-Baptiste Lamarck,1744—1829)。虽然他的知名度很高,但名声却不友好,其理论长久以来成为达尔文进化论的反面案例,以映衬达尔文理论的正确

博 闻

布封

Georges-Louis
Leclerc de Buffon,
1707—1788

法国科学家，在《自然史》中对"神创论"提出质疑，但迫于教会压力，1751 年他在巴黎大学公开宣称："我没有任何反对《圣经》的意图，我绝对相信《圣经》里所说的关于创造世界的时间或事实。我宣布，我放弃所有在我的著作里关于地球形成的说法，放弃所有与摩西故事相抵触的说法。"

乔尔丹诺·布鲁诺

Giordano Bruno,
1548—1600

文艺复兴时期意大利的思想家、自然科学家、哲学家和文学家。因拥护哥白尼的"日心说"而被教会定罪，活活烧死。

性。但无论是拉马克跌宕起伏的人生经历，还是他提出的开创性进化理论，都与达尔文的学说一样，在科学史上闪耀着不朽的光芒。

拉马克本人命运多舛，前半生凭借聪明才智和辛勤劳作成为"别人家的孩子"。他完成 10 年的教会学校学习后，纵横沙场并载誉而归，退役后师从法国著名哲学家、教育家卢梭等人。34 岁时出版了三卷本《法兰西植物志》，35 岁时当选法国科学院院士。随后，其研究领域扩展到了动物学，57 岁时首次将动物分为脊椎动物和无脊椎动物两大类，由此建立了无脊椎动物学。他首先把"植物学"和"动物学"合并为"生物学"，这一名称沿用至今。65 岁时，拉马克发表了著名的《动物学哲学》（*Philosophie Zoologique*），首次提出了生物进化的学说。这也成为拉马克人生的分水岭。生物进化的理论质疑了神创论，严重挑战了教会的权威，彼时仍具有庞大势力的教会对其威逼利诱。教会通过法国当局要求拉马克发表公开声明，表明自己不反对《圣经》，愿意撤回亵渎上帝的言论。半个世纪前《自然史》的作者布封就是这样做的，从而逃过了教会的迫害。但是拉马克没有妥协，坚持了真理。尽管教会没有重复 200 多年前烧死布鲁诺的行为，但依然通过施压解除了拉马克的教授职务并取消了他法国科学院院士的待遇。一位丧失了经济来源的老人，生活水平一落千丈，晚年还因坚持科研而双目失明,写作只能通过口述让子女来记录。穷困潦倒的拉马克死后也买不起墓地,在好友的资助下勉强租借了一处5年期的墓地,而到期后无钱续费,尸体被移出墓地后下落不明。

拉马克用悲惨后半生所坚守的生物进化理论,体现在1809年发表的《动物学哲学》中。他首先提出了"环境条件能够引起生物的变异,环境多样性是生物多样性的原因"这个开创性的观点,这与后来达尔文理论中"天择"的认知是一致的。但是拉马克经常被人引用的观点是遭到嘲笑的"用进废退"和"获得性遗传",广为流传的长颈鹿演化的事例形象地说明了拉马克的错误。考虑到在该理论所提出的时代,人们对遗传理论尚不明晰,因此仍应该佩服拉马克观点的先进性和一定程度的合理性。

用进废退是指生物体的器官经常使用就会变得发达,而不经常使用就会逐渐退化。这是基于对生物演化现象的归纳,且有大量的证据支持。例如人类的手因经常使用而比其他灵长类动物的更加灵活,脚因不需要在树枝上攀爬而变得简单。获得性遗传(inheritance of acquired characteristics)是指生物个体受外界环境影响产生带有适应意义的性状变化并能够遗传给后代的现象。例如,有人通过健身获得了健硕的肌肉,而他的后代都会天然具有健美的身材,与后代是否锻炼无关。生物通过主观努力获得某一能力的增强,然后传递给后代,这样的思想现在来看确实会被人诟病。但拉马克发表著作时,现代遗传学之父孟德尔尚未出生,人们根本不知道性状遗传的本质。拉马克的假说在当时科学认知条件下也是合理的。现代遗传学指明:DNA存储遗传信息,经由RNA将信息传递给蛋白质。核酸到蛋白质的信息传递是单向的,这也是"中心法则"的主要内容。而用进废退的能力几乎都是蛋白质所表现出来的,而将以蛋白质为基础的优良性状反过来记录到基因序列中的案例,目前还没有类似的发现。因此拉马克的"获得性遗传"就难以得到现代遗传学的支持。科学家们曾用"小鼠割尾几十代后新生小鼠仍长出尾巴"和"中国古

博闻

"小鼠割尾"和"中国古代妇女裹小脚"是证伪获得性遗传的有力证据。科学家把老鼠的尾巴切断，连续几十代后发现新生的小老鼠还有尾巴。中国古代妇女裹小脚，但裹小脚母亲所生的小孩依然拥有正常尺寸的脚。上述例子表明后天的性状改变，不会影响先天的遗传。

深思 1-7

你同意"用进废退"和"获得性遗传"的观点吗？如何设计实验验证你的观点？

代妇女裹小脚而现代女性脚的尺寸依然正常"等事实来证明"后天获得的性状不能遗传"的观点，嘲讽拉马克的理论。但实际上生物自发形成的性状改变和外界强加的性状改变是不同的。真正的答案还是要聚焦于遗传物质。

对于多细胞高等生物而言，其基因复杂度高，因此基因在变和不变之间选择以稳定为主。在一个世代中，个体基因传承自双亲，几乎是不变的，对于环境的适应不能像生长迅速的微生物一样，寄望于大数量的"后浪"们中的有益基因突变。高等生物的最佳策略是通过控制已有基因的表达时机和表达量，满足生物个体对环境的灵活适应。而生物通过对基因及其周边（RNA、组蛋白、染色体、核小体）的各种修饰以实现对基因表达的调控，这个领域被称为表观遗传学（epigenetics）。它是指在基因序列没有发生改变的情况下，基因调控方式发生了可遗传的变化，最终导致了表型的变化。由于在实验中陆续观察到了小鼠精神创伤、患糖尿病等多种后天疾病的遗传效果，成为获得性遗传的良好证据，该领域再次成为热门。在现代遗传学的理论大厦中，为拉马克的"获得性遗传"留有一席之地。

多细胞生物依靠对基因的调控来获得适应性的可遗传性状。但如果将目光投向微生物，因为其结构简单，所以更容易直接获得外界的基因以提高自身的适应性。例如在自然环境中，一段含有抗生素抗性基因的质粒是众多微生物的"抢手货"，质粒是环状DNA，是可以在不同微生物中传递基因的"载具"。这也是我们不能滥用抗生素的原因，一旦一种微生物产生了抗生素抗性，其他微生物就可以通过获取它带有抗性基因的质粒而获得该能力，这种获取方式就是字面意思的"获得性遗传"。此外，还有更为主动的特征基因片段的获取方式。CRISPR-Cas9技术是最近最为流行的基因编辑技术，其基本原理是：细菌会保存曾入侵过自身的噬菌体基因片段，将此片段作为引导模板，使得能够剪切DNA的核酸酶定位到拥有相同片段的基因上，将其切断，从而阻止了同一病毒或拥有相似片段病毒入侵后的大规模破坏。这相当于微生物的"获得性免疫"，其机制就是直接获得对手的基因片段，并且可以遗传给后代。

用两副对联概括拉马克的生前身后，描述生前的上联是"扬帆顺风前程远，顺境铺就前半生"，下联是"历尽波澜意志坚，逆境铸就后半世"，横批是"坚持真理"。对于真理的坚持是他人生的转折，也是他值得我们敬仰的核心。描述身后的上联是"筚路蓝缕创伟业，翻天覆地立新说"，下联是"身负重名遭误解，流芳百世证身后"，横批是"再焕生机"。获得性遗传是拉马克提出的假说，现在有越来越多的实验证据和分子机理解释，使其再次变为活跃的研究领域，焕发出生机。

如果认为拉马克只是提出了"用进废退"和"获得性遗传"的观点，那是对他最大的误解，这两点只是拉马克理论中容易被攻击的观点。他的伟大在于成为"提出物种起源见解的第一人"。不用担心达尔文会站出来反对，因为这个评价就是达尔文给的。当所有人都对拉马克刻薄时，达尔文公开力挺了拉马克。基于拉马克的理论，达尔文凭借着勤奋和思考，提出了接受度更高的"自然选择"生物演化理论，从而奠定了其在生物学中的伟大地位。

达尔文的划时代理论

查尔斯·罗伯特·达尔文（Charles Robert Darwin, 1809—1882）几乎凭一

己之力将传统生物学推上了巅峰。在1859年发表的学术巨作《物种起源》(*Origin of Species*)中,达尔文阐述了其主要进化思想: ① 物种演变:物种是可变的,一个物种可以变成新的物种,现有物种是从别的物种演变形成的。这种变化会呈现树形结构,被称为进化树。既然如此,那么物种演化之树是否有根呢? ② 共同祖先:所有的生物都来自共同的祖先,也就是进化树有唯一的根。基于上述认知,到底是什么动力推动物种进化呢? ③ 自然选择:达尔文认为进化的机制为自然选择,自然环境施加的选择压力驱使生物生存竞争,从而塑造了新物种。④ 渐变演化在思考物种进化的速度时,达尔文认为生物进化的步调是渐变式的,生物是通过累积微小的优势变异逐渐改变的。

• 达尔文理论核心

年轻的达尔文在环球旅行中收集了大量的证据,支持物种演变和共同起源。如科隆群岛(又称加拉帕戈斯群岛)的多种地雀,是由来自南美大陆的共同祖先演变而来的,为了适应不同的食物,其喙也因此变化为多样的形态。此外,结合解剖学的发现,虽然不同哺乳动物的前肢外形差别巨大,但骨骼基本构造是极为相似的。

在自然选择方面,"物竞天择,适者生存"的观念虽然听起来较为残酷,却是生物界中最常见的驱动进化的力量(见图1-4)。应用该原理,将自然选

深思1-8

与人手同源的器官:猫的爪、鲸的鳍、蝠的翅、马的蹄如果以某种形式出现在人体,人的外型将有何种变化?你能画出来吗?

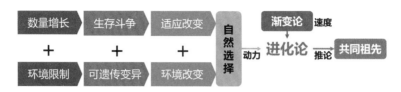

图1-4　达尔文进化论的核心要点

择替换成人工选择,物种的变化更会突飞猛进。1万年前的狼,在人类的驯化过程中,形态和性情发生了巨大的变化,成为验证自然选择的一个良好例证。短腿的柯基其实是牧牛犬,它们矮小的体形非常好地适应了在牛肚子下面跑来跑去驱赶牛群的工作。达尔文关于进化速度的理论,则有些主观且缺少充分的证据,在他的思考中,微小改变的积累是匀速的,因此生物进化也应该是匀速改变的,即生物是渐变演化。

　　拉马克与达尔文的理论经常被放到一起解读,可以从图1-5的对比中看到两者理论的差异。从进化动力来看,两者都明确指出了环境是生物进化的动力,这一点拉马克更早地提出。但拉马克认为生物会主动积极地适应环境变化,而达尔文则认为生物是被动地被环境所选择。从变异方向来看,拉马克认为生物主动适应会带来确定的变异方向,而达尔文则表明生物变异无方向,环境选择才提供方向。从适应起源来看,拉马克认为主动适应环境的生物可以一步完成,将获得的性状传递给后代;而达尔文则认为需要两步,首先产生

图1-5　拉马克与达尔文的进化论的差异

性状的改变,其中能适合环境的变异体得以存活,才有机会将有益性状传递给后代。

以现在的励志故事作类比,拉马克认为生物为适应环境而"自我努力"终获演化成功,而达尔文则认为生物演化的成功是环境的"时势造英雄",依靠的是生物的天生潜质——先天的性状改变。在不知晓遗传物质和遗传规律的时代,这两种假说都具有先进性,都富有逻辑并系统地阐述了对生物演化的思考。拉马克的理论具有开创性,具有"鼓励个体奋斗"的浪漫主义情怀,但证据不够丰富。达尔文的理论经过长期证据的积淀和严谨的归纳演绎,展现出了自然界中的冷酷真相,结论更具说服力。当然,其理论也存在漏洞,之后很多科学家进行了补充完善。科学发展就是要不断查漏补缺,补全人们的认知。人们每次号称"物理终结"时,都会被新现象"打脸",解决问题的过程中总会发现更多的问题。与其嘲讽先前理论的漏洞,不如将其补上,这才是真正的科学研究态度。

● **为什么是达尔文**

与很多天才科学家灵光乍现获得新理论的故事不同,进化论的成功是历史的必然,因为当时学术研究的深度和广度已经能够支持进化论的提出。但为什么是达尔文呢?抛开运气的成分,达尔文获得进化论提出者殊荣的内外因也值得思考。

家境优厚,潜心科研。毋须回避,达尔文算是"富二代"。1809年,也就是拉马克发表体现其进化思想的《动物学哲学》那一年,达尔文出生在英国的一个富裕的医生家庭,图1-6中第一张是7岁达尔文的水粉画,这已经把当时的中产家庭都甩到了身后。家人希望其学医,然而达尔文并不感兴趣。他先接触了农学,再去剑桥大学学习神学。殷实的家境使得达尔文能在众多方向中自由地选择,确定了自己最感兴趣的学科——博物学,并且在研究过程中不需要为生计奔波,可以潜心探索真理,是其家人为达尔文创造了优良的物质基础。

琴瑟和鸣，相得益彰。达尔文对于婚姻大事的决定方式，体现了科学家的严谨。他在一张纸上中间画线，一边写结婚的好处，一边写结婚的坏处，全面权衡利弊得到结论——"结婚！证明完毕！"达尔文最终与表妹艾玛结婚。这对眷侣有不同的信仰，达尔文是无神论者，而艾玛是虔诚的基督教徒，但是正因为艾玛从宗教视角帮助达尔文修改稿件，删除了对教会有刺激性的表述，才使得《物种起源》更容易被大众接受。虽然至今仍有反对进化论的声音，而作为理论的提出者，达尔文的境遇要远远好于他的前辈拉马克。

思想自由，为人谦逊。达尔文的成功不仅得益于家境和伴侣，更来自个人的热情探索性格和温和处世态度。《物种起源》的主要内容来他在 5 年环球旅行中收集到的数据，达尔文持续地观察地质风貌、生物百态，获得了大量一手资料。此外，达尔文谦逊的性格使他拥有良好的人际关系，不仅将另一位"自然选择"理论提出的"竞争者"变成了"合作者"，还令同时代另一位著名的科学家成为自己的"铁粉"（见下文"达尔文的朋友圈"）。

图 1-6 是达尔文各个阶段的照片，大家常见的是第 4 张照片，达尔文已然是一位须发皆白的老者，我个人更愿意翻出达尔文年轻时的照片，看看这位伟人帅气的一面。

图 1-6　达尔文的形象照

（从左到右：爱伦·夏普里斯《达尔文和妹妹艾米丽》，1816 年，水粉画；里奇蒙德《达尔文像》，19 世纪 30 年代末，水彩画；达尔文摄于 1854 年；约翰·科利尔《达尔文像》，1883 年，油画）

● 达尔文的朋友圈

如果把达尔文建立理论比作当下的公司创业，达尔文作为进化论公司的"首席执行官"（CEO），在创业之初选择了风口项目"物种演化"，该项目的回报也高，可以成为新理论的奠基人。由于巨无霸企业"教会"的打压，该项目的投资风险也很高，已有不少公司在此项目上折戟沉沙。达尔文的公司有着高品质的核心技术"自然选择理论"，通过产品构架师——妻子艾玛的设计，形成了消费者接受度更高的新产品《物种起源》。公司中还有优秀的合伙人参与企业运营和宣发，最终使新产品享誉世界，碾压了老牌产品"神创论"。那么达尔文的"合伙人"是谁呢，他的朋友圈里有哪些了不起的人物呢？

阿尔弗雷德·拉塞尔·华莱士（Alfred Russel Wallace，1823—1913）比达尔文更早地将自然选择理论写成论文并发表。虽然当时蕴含达尔文自然选择思想的书稿已经撰写多年，很难判断最早理论的提出者是谁，但是按照学术界的标准，谁先公开发表文章谁获得优先权。最初，华莱士将自己的手稿交给达尔文请其帮忙发表，达尔文惊讶地发现华莱士的观点与自己的不谋而合，这使得达尔文进退维谷。他会因为自己缓慢的写作速度而错失首先发现的荣耀，但他又不可能通过不堪的手段去限制竞争者公开结果，尤其是这样一位信任他的朋友。经过了内心的挣扎，达尔文甚至有了放弃"自然选择"理论的想法，后来在知情人的协调下，两人的自然选择学说在1858年7月1日被一同递交伦敦林奈学会。两人成了这一理论的共同提出人。达尔文和华莱士采用绅士的方式解决了发现之争，共同被世人所记忆，成为处理学术争议的典范。后来，两人也成了要好的朋友，相互支持，发展了自然选择学说。

如果说华莱士支持达尔文的学说合情合理（那也是他自己的学说），那么另一位达尔文的忠实拥趸的全心全意的支持则更为可贵。托马斯·亨利·赫胥黎（Thomas Henry Huxley，1825—1895）的学术贡献非常突出。他比达尔文还早地写出了第一本人类进化的著作《人类在自然界的位置》(1863)。但是他被称为 "Darwin's bulldog"。这里的bulldog指的是牧牛犬吗？不是的，牧牛犬（cattle dog）用于管理牛群，而斗牛犬（bulldog）则性情暴躁，争强好胜。赫胥黎在任何场合下都在维护达尔文的进化论，甚至不惜开罪他人，可谓是达尔文的铁杆粉丝。达尔文和他的朋友们提出并维护了进化论，使其影响力达到了那个时代的顶峰。

达尔文后的持续完善

"吾生也有涯，而知也无涯。"达尔文的理论并非完美，依然需要不断地升级完善。在达尔文之后，众多科学家对进化论提出了各种支持和反对的理由，也形成了丰富的理论。达尔文理论中还有哪些主要的疑问呢？

● 变异来自何方？

变异的来源如果不解决，达尔文进化论将变成无本之木，进化论大厦也将摇摇欲坠。达尔文在《物种起源》中并没有解释物种变异的来源，相对于拉马克明确给出"用进废退"导致了变异，达尔文在1868年出版的《动物和植物在家养下的变异》里详细叙述了他对变异的产生机制的解释"泛生论"：生物的每个器官都含有肉眼看不见的有机颗粒，称为芽球（gemmule）。其与细胞结合并且增殖，引起细胞的发育和再生。身体各处的芽球汇集

> **博 闻**
>
> 奥卡姆剃刀原理由14世纪的逻辑学家、圣方济各会修士威廉·奥卡姆提出，其核心思想是"如无必要，勿增实体"，又称简单性原理，这一原则强调在解释现象时，应优先考虑最简单的解释，避免不必要的复杂性和冗余。

到生殖细胞中传给后代。这个假说很巧妙地解释了子代部分继承双亲的性状,配子融合后只有部分芽球发挥作用。还能解释拉马克的"用进废退"理论——器官中的芽球经过训练汇集到生殖细胞中,将优良性状传递给后代。也可以认为自然选择的对象是芽球。达尔文对变异来源解释的尝试,能够看出其严谨的逻辑性,该假说已经能对有性生殖、性状遗传、复杂发育、细胞再生等现象给予合理的解释。但是,理论中的芽球设定太过烦琐,不符合奥卡姆剃刀原理。

魏斯曼(August Friedrich Leopold Weismann,1834—1914)提出了与达尔文相似的种质论(germ plasm theory)。他认为多细胞生物体由质上根本相异的两部分组成:种质(germplasm)和体质(somaplasm)。种质是可以代际传递的遗传物质,仅存在于负责生殖的细胞染色体中。体质是除种质以外的机体物质,受环境影响而后天发育的部分,体质细胞中并不含有完整的遗传物质,且其效应只在当代有效,该代死亡后就会消失。种质信息可以传给体质,但体质不完全受控于种质,还受到环境的影响,而体质的信息却不能反过来传递给种质。

魏斯曼赞同达尔文的自然选择的进化论,但是反对达尔文的泛生论,泛生论提出遗传物质是由各器官汇集到生殖细胞中,而种质论则相反,由生殖

博 闻

马副蛔虫在卵裂时,有一个细胞一直保持一套完整的染色体,这个细胞之后会分裂形成许多生殖细胞。其余细胞的染色体都削减两端的异染色质部分而只保留中部的常染色质片段,削减的部分断裂成许多小染色体。这些含有小染色体的细胞会分化为身体各部分的组织和器官。这表明马副蛔虫卵裂时期的生殖细胞(相当于魏斯曼所指的种质)和身体细胞(相当于魏斯曼所指的体质)已经发生了分化。

细胞分配到体细胞当中。泛生论为拉马克的获得性遗传留了一道门，而魏斯曼的理论完全堵死了获得性遗传的可能性。同时，魏斯曼为了证明获得性遗传的错误，连续22代截掉了老鼠的尾巴，这就是前文"博闻"框中的小鼠割尾实验。结果发现后代老鼠依然能长出尾巴，后天发生的性状改变没有遗传给后代。这个实验既证明了种质论假说，也成为反对拉马克获得性遗传理论的经典实验。强调自然选择是推动生物进化的动力，魏斯曼的看法被后人称为新达尔文主义。

遗传学的发展为进化论提供了更多证据，也澄清了之前一些假说的误区。经过现代遗传学之父孟德尔的豌豆实验，人们意识到遗传物质的分离定律和自由组合定律。孟德尔的发现被世人熟知还需要感谢雨果·德弗里斯（Hugo Marie de Vries，1848—1935），他在1900年重新发现孟德尔定律。他本人的贡献是根据研究红秆月见草（*Oenothera lamarckiana*）遗传规律的实验结果，于1901年出版的《突变理论》。他的突变学说认为生物的进化起因于突变，为达尔文进化论中的变异提供了来源。

诺贝尔奖得主托马斯·亨特·摩尔根（Thomas Hunt Morgan，1866—1945）很欣赏孟德尔的成就，但这不影响其对孟德尔理论中问题的继续探究。他更赞同德弗里斯的突变理论，并且在此理论下开展自己的实验。在摩尔根的果蝇实验中，他"无所不用其极"地让果蝇发生变异，并且成功获得了变异的白眼果蝇，经过与正常的红眼果蝇交配试验，从而发现了基因的连锁和交换定律。摩尔根于1928年出版了专著《基因论》（*The Theory of the Gene*），对基因这一遗传学基本概念进行了明确的描述。得益于科学家后续对遗传物质的接力研究，现在我们对于变异是怎么来的已经非常了解了。

● **自然选择万能吗？**

达尔文的进化论将自然选择的重要性提升到了最高等级，作为操控生物

深思 1-9

人类社会中，由于物质条件的丰盛和社会文化的包容，存留了大量中性或者略有劣势的突变。从进化的视角来说，这些突变的保留是应对未知环境变化的有利因素。你还能举出哪些身边的例子，可展现出中性突变呢？

演化看不见的手，自然选择似乎是具有决定权的。但实际上很多的生物性状很难看出与自然选择有直接的关联。例如，人类的血型似乎并不能帮助特定血型的人群获得生存优势。尤其当分子生物学研究深入时，人们惊讶地发现并不是所有的突变都能带来形态功能的改变。很多突变是中性的，例如DNA的碱基发生改变，但由于密码子的简并性（多个密码子编码同一个氨基酸），生成的蛋白质不会发生任何变化。就算某个氨基酸发生了改变，如果其性质与变化前的相似，也不会对蛋白质结构和功能带来明显的改变。就算很多氨基酸都发生了变化，如果不涉及酶的催化核心，那么蛋白质的功能也不会受到影响。因此，自然选择丧失了可以选择的方向！

有人认为，既然自然选择没有对这些无改变或者变化不大的性状发挥作用，那么这些性状也不是最重要的性状。但一位日本科学家展现出自然选择失效的部分也有可能是重要的补充。分子进化中性学说奠基人木村资生（Motoo Kimura, 1924—1994）于1968年在《自然》（*Nature*）发表的论文"分子水平的进化速率"（Evolutionary Rate at the Molecular Level）中阐述了关于① 中性突变；② 遗传漂变是分子进化的基本动力；③ 分子进化速率等的一系列观点。这些理论的核心要点是突变总会发生，其中一些突变是中性的，不能被自然环境所选择，只能按照概率流传到后代中。此时变异基因存在或消失，对大种群而言满足统计学概率，而对小种群而言，则取决于该基因是否"幸运"。"适应者"生存因此变成"幸运者"生存。分子进化中性学说的提出是分子生物学发展的结果，没有对遗传物质及运作机制的深入了解，进化论者无法对其做出正确的认识。

● 为什么要匀速?

达尔文本能地认为进化是匀速的。《物种起源》完成时，达尔文对进化中的一个问题仍然觉得费解，那就是5.4亿～5.3亿年前古生代寒武纪生命爆发的现象——许多动物突然出现在化石记录中，而在更早期的岩层中却没有找到明显的祖先，这称为达尔文之惑（Darwin's doubt）。斯蒂芬·杰·古尔德（Stephen Jay Gould, 1941—2002）和奈尔斯·埃尔德雷奇（Niles Eldredge, 1943—　）作为间断平衡理论的提出者，于1972年发表了《间断平衡：代替种系发生渐进主义》（*Punctuated equilibria: an alternative to phyletic gradualism*），阐述了他们对物种进化速度的理解：① 进化是渐变与突变、连续与间断的统一；② 由于其他物种偶然闯进边缘并使占支配地位的种群失稳，会出现进化性飞跃。实际上，物种的匀速渐变更倾向于理想的进化状态，由于环境存在突变的可能性，如引发大规模灭绝的地质灾难、突然出现的舒适环境等，都有可能让生物在短期内演化出多种新物种从而适应环境。实际上，与物种大爆发相似的还有人类的社会发展，短期内人类社会呈现出加速的发展趋势，如果考虑到漫长的地质时期，现在由人类创造出的千年历史就是一场壮美的大爆发。

● 中国人的贡献

中国人在进化论的传播过程中有没有贡献？严复翻译了赫胥黎的《天演论》，首次提出了"物竞天择、适者生存"的说法。马君武翻译了达尔文的《物种起源》（当时叫作《物种原始》）。严复与马君武这两位学者与上海高校颇有渊源。前者为复旦公学（复旦大学的前身）的校长，后者为大夏大学（华东师范大学的前身）的校长。希望未来有更多的中国人能促进进化理论的发展，为人类解决"我是谁？从哪来？到哪去？"的问题。

从演化主流理论的全家福中（见图1-7），我们可以看到，进化论本身也在不断地演变。人类对世界的认识暂时还看不到终点，任何理论都在不断地完善，处于"演化"中。

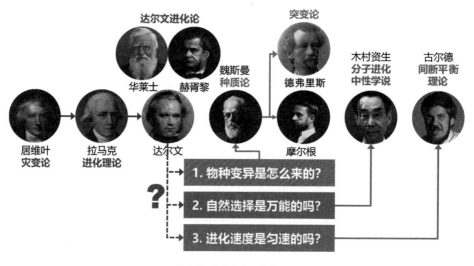

图1-7　演化主流理论全家福

前沿
瞭望

　　长颈鹿成了达尔文和拉马克进化论中的明星生物，但是脖子真的是越长越好吗？可在微信公众号"生态与演化"中搜索阅读研究文章《高血压的克星：长颈鹿极端身材影响的适应性进化》。

**"深思"
提示**

▶ 深思 1—1

按现有理论,大爆炸后宇宙的最初阶段是均匀的,因此不太会出现反粒子的"世外桃花源"。正反粒子数量不同的难题仍是学科前沿问题,尚未有答案。所以尽管大胆设想,因为你的猜想有可能就是真相!

▶ 深思 1—2

根据著名的"随机游走"问题,简化太阳为均质的,粒子从空间中的某个特定点随机行走的距离是粒子跳跃步数的平方根乘其步长。如果这一步长1米,那么走10米需要100步,走100米需要10 000步。

太阳内部等离子体中心密度超过100克/立方厘米。光子可以移动的实际距离在1厘米到1毫米之间。步长按1厘米计算,沿太阳半径运动光子必须走$(696\ 300 千米/1 厘米)^2 \approx 5 \times 10^{21}$步,也就是$5 \times 10^{16}$千米。光的传播速度是$3 \times 10^5$千米/秒,所以这需要$5 \times 10^{16}/(3 \times 10^5)=1.67 \times 10^{11}$秒,大于5 000年。

可以算一下,如果光子可移动的实际距离变成1毫米,这一时间将是多少?

▶ 深思 1—3

对于这些有趣的问题,科学家们可能会更需要你的想象力。

深思 1—4

▶ 溶解性、比热容、可在较窄的温度压力范围内发生三相变化等。

▶ 深思 1—5

有人认为火星之前与地球环境相近,是否地球未来会成为

"橘色地球"？没人能排除这一可能性。

► 深思1-6

脑洞大开去随意设想。

► 深思1-7

可以选择生命周期短的生物体进行这样的实验。

► 深思1-8

古生物插画家川崎悟司（Satoshi Kawasaki）将这种相似的骨骼形态放到了人的身上，产生了极具冲击力的画面。感兴趣的读者可以自行检索。

► 深思1-9

如毛发的颜色、声音的音调等，这些不会带来明显的生存优势。

参考文献

[1] KEGERREIS J A, EKE V R, MASSEY R J, et al. Atmospheric erosion by giant impacts onto terrestrial planets[J]. The Astrophysical Journal, 2020, 897(2): 161.

[2] CHE X, NEMCHIN A, LIU D, et al. Age and composition of young basalts on the Moon, measured from samples returned by Chang'e-5[J]. Science, 2021, 374(6569): 887–890.

[3] CHAN Q H S, ZOLENSKY M E, KEBUKAWA Y, et al. Organic matter in extraterrestrial water-bearing salt crystals[J]. Science Advances, 2018, 4(1): eaao3521.

[4] SCHMANDT B, JACOBSEN S D, BECKER T W, et al. Dehydration melting at the top of the lower mantle[J]. Science, 2014, 344(6189): 1265–1268.

[5] LAURO S E, PETTINELLI E, CAPRARELLI G, et al. Multiple subglacial water bodies below the south pole of Mars unveiled by new MARSIS data[J]. Nature Astronomy, 2021, 5(1): 63–70.

[6] KRISSANSEN-TOTTON J, OLSON S, CATLING D C. Disequilibrium biosignatures over Earth history and implications for detecting exoplanet life[J]. Science Advances, 2018, 4(1): eaao5747.

[7] GREAVES J S, RICHARDS A M S, BAINS W, et al. Phosphine gas in the cloud decks of Venus[J]. Nature Astronomy, 2021, 5(7): 655–664.

[8] SONG H, AN Z, YE Q, et al. Mid-latitudinal habitable environment for marine eukaryotes during the waning stage of the Marinoan snowball glaciation[J]. Nature Communications, 2023, 14(1): 1564.

第2章

我是谁来自哪到哪去：
生命本质与起源

2005年，在庆祝《科学》创刊125周年之际，期刊发布了125个最具挑战性的科学问题。其中第12个是"地球生命在何处产生、如何产生？"2021年，为纪念建校125周年，上海交通大学联合《科学》期刊面向全球征集与发布125个新的科学问题，这既是对过往研究成果的凝练与升华，更是对未来人类发展的激励与引领。其中第9个问题是"我们是宇宙中唯一的生命体吗？"显然，生命的来源始终是人们关心而未解的难题。

回答了生命是什么，了解了生命之火是如何点燃的，人类才有可能获得制造生命的能力。1818年，瑞士作家玛丽·雪莱（Mary Shelley, 1797—1851）在与朋友聊天时萌生了创作人造怪物的想法。于是《弗兰肯斯坦》很快完成了，首次描述了人造的生命，成为第一本真正意义上的科幻小说。2018年在小说出版200周年时，《科学》专门刊登了一篇封面评述来讨论"弗兰肯斯坦"现象[1]，即被创造之物对创造者产生反噬的情况。例如核能的利用、人工智能等都可能产生"弗兰肯斯坦"现象。

从根本上探究弗兰肯斯坦创造的怪物到底是不是真正的生命，自然界生命是如何起源的。这是本章内容涉及的两个主要问题。

病毒是特殊生命吗：生命本质

生命是什么？这个问题简单又复杂。每个人似乎都能自然而然地辨别何为生命何为非生命。但是当去总结到底何为生命时，人们又很难达成共识，不仅每个人都有差异化的认识，就连学术界也未有定论，多种生命的定义并存于世。

最初，唯物主义（materialism）支持者认为生命是物质的集合，生命就是一台超级复杂的物质机器。后续的学者采用了亚里士多德的形式质料说（hylomorphism）来解释生命，承认了物质基础的重要性，但是展现这些物质是如何组织在一起的"形式"才是生命的本质。支持生机说（vitalism）的科学家则进一步将生命的物质基础和生命力（或精神）划分开来，认为将生命力赋予物质上就可以形成生命（见图2-1）。这不就是弗兰肯斯坦设计的怪物的来源吗？将尸体拼接用于构建物质基础，然后给尸体通电赋予其生命力。这一概念显然在宗教领域得到了最广泛的认可，"灵魂""附体""转世"这些描述都是源于身体是载具，精神是乘客的设定。

图2-1　早期哲学领域对生命现象的3种主流认知

● **生命的判定**

判断什么是生命看似很简单，因为作为生活常识，小朋友都不会答错，他们会准确地罗列出一大串猫猫狗狗、花花草草的名字，甚至还能蹦出几个大肠杆菌、乳酸菌等微生物的名字。但要准确定义生命却真的很难，因为自然界像个极品"杠精"，总能找出特例让你无言以对。

因此，我们需要在讨论前先做好生命的定义。至少在本章中，我们以此来判断。生命：具有能量代谢功能，能回应刺激及进行繁殖的开放性系统。具体而言，有机体满足保持体内平衡、进行新陈代谢、能够生长、适应环境、响应刺激、可以繁殖这些特征才可称为生命。据此定义，人工智能没有有机体，人机杂合无法繁殖，病毒不存在生长……（见图2-2）当然，生命的话题没有定论，按照不同的理解会有不同的答案，如有些环境科学家将地球整体看作一种生命，有些科幻电影承认没有实体的数字生命形式，有些生物学家也会折中地称呼病毒为类生命有机物等。因此我们应在此话题上保持开放的态度。

深思 2-1

人工智能算不算生命？
人机杂合算不算生命？
新冠病毒算不算生命？

图2-2 对生命的判断（基于本书中的讨论范畴）

● 生命的成分

生命的物质基础是特殊的吗？其实并无新意！生命的元素都来自自然界，因此所有生命元素理论上都会在生命体内发现。有些是生命的甘泉，如我们熟知的碳、氢、氧、氮、磷、硫；有些则是生命的毒药，如铅、汞、砷、镉、铊。对生命体有益的元素也是生命使用最多的元素，它们并不罕有，相反在宇宙的含量大多位于前10位（见图2-3）。那么为什么生命是碳基的，而非与碳同族的硅基生命？其实简单明了的理由就是自然界中碳的丰度要远远高于硅，含量多、分布广泛的元素去构建生命，更符合概率和逻辑。那么有没有独特元素会赋予生命特殊的能力，就像科幻电影《超人》中与超人有关的元素"氪"？

深思 2-2

如果生命诞生在一个硅元素占比达 70% 的星球，生命的组成元素会有何不同？如果是铁元素呢？

图2-3 构成生命前10位的元素（黄色字母）与宇宙中丰度前10位的元素（彩色背景）对比

这些只是过去奇幻作品中的情节，现在就连科幻作品也抛弃了所谓"生命专有元素"的剧情。

生命的结构

同样的乐高积木块，有些人拼出了上海的东方明珠，有些人拼出了纽约的自由女神。构成生命的常见元素难有太大的变化，但元素的排列组合则决定了生命有无限创意。生命大分子的功能会受到结构的影响。以蛋白质为例，其一级结构是氨基酸序列；二级结构是氨基酸长链（也称为肽链）的结构，包括 α 螺旋、β 折叠、β 转角、Ω 环和无规卷曲；三级结构则是在二级结构基础上进一步折叠形成的空间结构；四级结构为多个具有三级结构的多肽链（亚基）拼装出的执行完整功能的蛋白质。

空间结构对蛋白质的功能至关重要。关键结构改变会导致蛋白质失去功能，甚至带来致命结果。朊病毒（prion）是最典型的结构错误导致疾病的例子。朊病毒是一类能侵染动物并在宿主细胞内无免疫性的疏水蛋白质。朊病毒的前体蛋白质最初为生命体正常生产的蛋白质，仅存在 α 螺旋。由于结构改变出现了 β 折叠，导致蛋白质的溶解度低，对蛋白酶表现抗性，成了朊病毒。之所以用"病毒"命名这种纯蛋白质，是因为结构变化后的朊病毒与前体正常蛋白质接触时，会引发后者的错误折叠而变成新的朊病毒，犹如病毒复制般让朊病

深思 2-3

蛋白质是否还有五级结构？五级结构应该如何定义？

毒数量增多并扩散开来。功能丧失的朊病毒蛋白鸠占鹊巢,影响了细胞执行功能,进而使神经系统失效。除了羊瘙痒病和牛海绵状脑病(又称疯牛病)是由朊病毒引起的,朊病毒还广泛地出现在各种神经退行性疾病当中,如大家熟知的阿尔茨海默病、帕金森病和亨廷顿舞蹈症等。由于朊病毒的发病机制与其他致病微生物完全不同,因此对其治疗方面仍未有有效的方案。2019年,中国科学家发布了治疗阿尔兹海默病的新药,通过甘露聚糖调节肠道菌群从而减缓阿尔兹海默病的病程进展[2]。此举当时引发了业内对肠道菌群治疗大脑疾病有效性的大争论。道理越辩越明,有创新、有质疑,这才是健康的科研生态圈。

朊病毒研究依然是科研的前沿战场。2017年《科学》报道了在细菌中发现了朊病毒蛋白[3],这着实让人不安。避免摄食生牛肉能有效防止感染疯牛病,但人们无法完全避免接触微生物。微生物中的朊病毒蛋白进入人体似乎更加容易。在2019年,科学家在导致牙周炎的细菌中发现了朊病毒,并坐实了牙周炎细菌可能导致阿尔兹海默病的事实[4]。如果不好好刷牙,不仅仅影响美观,更可能会带来致命的神经退行性疾病。这真是现实版的"病从口入"呀。

● **生命的更新**

生命活动的重要特征就是新陈代谢,是指生物体与外界环境之间的物质和能量交换,以及生物体内物质和能量的转变过程。生命体通过同化作用的合成代谢将外界物质转化为自身物质并存储能量,通过异化作用的分解代谢将自身物质转化为外界物质并释放能量(见图2-4)。这对反向过程在生命中持续发生,维持生命的更新。对于多细胞的高等生物,其分化形成的不同组织、器官的更新速度是不同的。你知道人体组织中更新速度最快和最慢的是什么吗?

人体细胞中更新最快的是肠道上皮细胞。肠道是生命分解外来物质的加

图2-4　新陈代谢示意图

博　闻

人体细胞更新速度

肠：2～3天

味蕾：10天

白细胞：13～20天

肺：2～3周

皮肤：28天

红细胞：4月

肝：5月

指甲：6～10月

头发：3～6年

骨骼：10年

大脑：终身

工厂，为了解决消化液分解自身细胞的问题，每个肠道上皮细胞的表面均有小而多的微绒毛，它们特殊的组织结构与蛋白质结构相当于一层保护膜，有效隔离了消化液。但尽管如此，肠道上皮细胞的工作环境依然艰苦，细胞受损后需要快速补充新生力量，使肠道能够持续稳定地工作。这使得肠道上皮细胞成为更新最快的细胞。人体细胞中更新最慢的是神经元。虽然直观认为硬邦邦的骨骼更新速度慢，但大脑形成之后会终身工作，无法更新。其功能一旦丧失后无法恢复，这就是神经退行性疾病只能减缓而不能逆转的原因，这也是阿尔兹海默病等疾病的令人绝望之处。

　　讨论到"更新"会涉及一个很有趣的哲学问题——忒修斯之船。公元1世纪，希腊哲学家普鲁塔克（Plutarchus，约公元46—120年）提出一个问题：如果忒修斯（传说中的雅典国王）船上的木头因远航损坏而被逐渐替换，直到所有旧木头都被新木头替代，那这艘船还是原来的那艘船吗？如果不是，那么当哪一块木板被替换的时候这艘船变得不

深思 2-4

器官移植到什么程度，一个人就不再是之前的那个人？

是的呢？这是一种有关身份更替的悖论。假定某物体的构成要素被置换后，它依旧是原来的物体吗？这相应地也涉及了伦理问题，根据当今的技术水平，移植心、肝、肾、肺等已经非常普遍，大家不会纠结于拥有他人器官的人是不是原来的那个人。但这个默认的标准到底是什么呢？是根据移植器官的量，还是移植器官的重要性？有一个未来很快遇到的问题——如果你移植了别人的大脑，那你还是你吗？2017年，世界上第一例人类头部移植手术成功地在中国实施。不过该头部移植手术并不是在活体上进行的，而是在尸体上尝试的，医师们把复杂的头部血管和神经组织与其他身体器官连接起来。头部移植的活体实验至今仍未见报道。但时不时有志愿者公开声明愿意进行这样的尝试。

虽然大脑移植更难以想象，但众多的科幻作品已经展现过技术实现的场景。2019年上映的《阿丽塔：战斗天使》中，主人公阿丽塔拥有人类的意识和纯机械的身体。如果认为只要大脑是自己的，身体怎么换都可以，这其实默认了"身体是灵魂的容器"这一设定。但这又带来了新的问题："灵魂是什么呢？"另一部科幻经典作品《攻壳机动队》描述了主人公的意识在不同的身体中执行任务的故事，但是很不幸的是，在一次任务中，她的意识与反派的意识融合，变成了新的灵魂。在这部作品中，意识就像一段程序，它可以复制、保存、传输，甚至人为修改。甚至在2021年的科幻影片《失控玩家》中，主角居然是电脑程序非玩家控制角色（non player character, NPC），完全不存在身体。对他们而言，是否存在所谓的意识？2023年的中国科幻里程碑巨作《流浪地球2》中，则通过数字生命体的概念，将人类的意识数据化，人类可以摆脱碳基身体的束缚，活在硅基芯片上。2024年有人甚至采用人工智能（AI）技术"复活"了自己的女儿，给妻子唱了生日歌。随着人工智能技术的飞速发展，为了纪念失去亲人的数字复活将越来越常见。

对意识的研究，我们依然在门外徘徊。意识到底是什么，它的物质基础是什么，我们都没搞清楚。假如有人能把你的意识移入新身体内，你能确定你会拥有自己100%的意识吗？意识会不会在上传下载过程中发生变化，丢失内容或内容混乱，甚至被别有用心的人篡改？刘慈欣在《三体》中认为，意识的物质基础可能建立在量子层面。对！就是近年来的网络流行语"遇事不决，量子力学"中的"量子力学"，2022年的诺贝尔物理学奖颁发给了量子力学的研究者们。而量子力学对大多数人而言意味着神秘。因此，关于意识的讨论，有可能涉及终极哲学问题。我们点到为止。

● **生命的调控**

物竞天择，生命会积极应对外界环境变化而调整自身。对于多细胞生物，神经系统的调控高效且迅速。当手指触摸到火焰，身体甚至不需要大脑的指令直接就会抽手避开。但是对于单细胞的微生物，所有"家当"就是细胞质内和细胞膜外的物质，它们自我调控的策略则更让人称奇。例如微生物会利用多种糖，但是为了节约资源，不能把所有利用糖的蛋白质都合成出来。最好的策略就是"见了兔子再撒鹰"。以乳糖利用为例，微生物胞内乳糖利用的代谢通路受到一个阻遏蛋白质"开关"的控制，当没有乳糖的时候，该开关就关闭了乳糖利用蛋白质的合成，当存在乳糖时，乳糖会与该开关结合，打开乳糖利用蛋白质的合成。当环境中乳糖都耗尽后，开关再次关闭（见图2-5）。

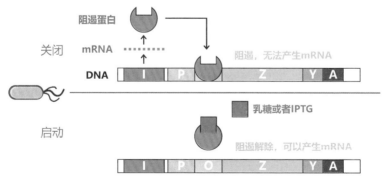

图2-5 大肠杆菌中对乳糖利用的调控

深思 2-5

这种用相似结构或功能的化合物"以假乱真"的案例有很多，你能想到生活中哪些类似的物品呢？

人类利用这个负反馈系统，通过添加乳糖的方式控制基因的表达。但是乳糖总会被表达出来的蛋白质分解利用掉，导致控制无法持久。为了让诱导物不被降解，科学家发明了结构与乳糖接近的化合物异丙基-β-D-硫代半乳糖苷（IPTG），该物质能够结合开关，但又不会被降解掉，成功地"欺骗"了微生物，维持乳糖蛋白的持久表达。如果将乳糖降解基因换成其他感兴趣的基因，这个诱导表达工具就变得更加广谱了。这些内容可以详见基因工程的相关图书。人们利用生命的调节功能，已经开发出系统性的基因工具。相关研究成了"合成生物学"的重要内容。

● **生命的复制**

复制和变异也是生命的特征。复制保证继承，变异促进发展。自然界中不乏非生命复制的例子，如化学结晶，相似的结构重复出现。因此复制只是生命的必要条件而非充分条件。"龙生九子各不相同"就是一种变异的说法，操之过急的变异往往会揠苗助长，导致发生变异的个体死亡。是否存在没有变异只有复制的生命呢，理论和实际上都有的。无性繁殖往往能较好地保持亲本的特征，可以进行无性繁殖的除了微生物、植物，甚至还有动物。感兴趣的读者可以阅读第7章。

● **生命的特例**

病毒是不是生命往往会引起激烈的讨论。为

深思 2-6

你有哪些特征是与家人极为相似的？你是否也有与家人都不吻合的特征？这些特征都是突变导致的吗？

了避免读者纠结于这个问题，请参考本书中给出的生命的定义，下面将在这个范畴下进行讨论。病毒是由核酸分子（DNA或RNA）与蛋白质构成的非细胞形态，靠寄生生活的有机物种。你认识如图2-6所示的病毒吗？

图2-6　几种广为人知的病毒（具体信息参阅"博闻"框）

2020年以来，新冠病毒给人类社会带来了深刻的影响。历史上还有众多知名的病毒给人类带来了无尽的烦恼。但如果有人说病毒是无毒的，你会不会感觉困惑呢？实际上，病毒有害，但却无毒。病毒并不会分泌如细菌外毒素一样的有毒物质，它只关心自己的复制。作为寄生虫一般的病毒，杀死宿主显然是双输的局面。病毒只是在① 复制太快撑破细胞，② 被免疫系统发现引发强烈的免疫风暴，或者③ 重塑宿主DNA导致肿瘤时才会给宿主带来伤害。很多病毒的基因片段不动声色地藏在宿主染色体中，相安无事地与宿主同生共死。病毒是不是生命还有争议，那杀死病毒的说法也明显不合适，因为你无法杀死一个不活的东西。所有的抗病毒药物的作用机制是防止病毒快速增殖，如干扰

博　闻

图2-6中的病毒从左到右分别为：
人类免疫缺陷病毒（human immunode-ficiency virus, HIV）、埃博拉病毒（Ebola virus）、冠状病毒（coronavirus）、人乳头瘤病毒（human papilloma virus, HPV）。

病毒接近细胞、进入细胞、复制自身等。

"天生我材必有用",病毒也可能是这么"想"的。病毒存在的合理性在哪？这是个可肆意畅想的话题。我们知道病毒可以携带基因片段,并且会将此片段插入宿主的基因组上。这种方式促进了基因的变异,加速新物种的出现。此外,有些病毒可以在不同宿主间感染,如SARS病毒可在人类、蝙蝠和果子狸间传递,禽流感病毒可在鸟类和哺乳类之间传递。病毒有可能作为自然界中基因转移的工具,促进种间的基因交流。畅想回到生命产生之初,多样的病毒像不像基因乐高积木,促进了丰富多彩的物种形成呢？

● **生命的畅想**

深思 2-7

你能设想出哪些生命的形式呢？除了不同元素的组合,试着从 4 种自然界的基本力的方向思考一下。

如果脱离本书给出的生命定义,生命的形式会更加丰富多彩。例如,我们可以畅想"外星生命"的形式。狭义来看就是基于我们所理解的地球"碳基生命",意味着其可能由碳、氢、氧、氮等基本元素构成,具备新陈代谢,信息交流等生物特征。如果"生命"不是按照人类的想法去定义,那么宇宙中的生命可能多到无法想象。

电磁力是4种基本力之一,也是所有地球生命的基础。其余3种力分别是将原子核各部分结合在一起的核力(也称"强"力)、与放射性衰变有关的"弱"力,以及4种力中最弱的引力。宇宙中除了由电磁力主导的地球生命以外,是否真的存在核力生物、弱力生物以及引力生物呢？如果有,它们又会以何种形式存在呢？

在某些特定的天体环境中,有可能出现核力占主导地位的世界——尤其是在中子星这样异常致密的天体上,可能会产生某种足以孕育生命的"原始汤"。如果弱力生物能够影响衰变,或者对衰变过程施加作用并通过由此产生的能量不平衡汲取能量,那这种生命形式就有可能通过改造环境存活下来。小型引力生物可能会通过转换风、瀑布、水流的引力能来获取能量；大型引力生物(很大很大)则可能利用黑洞或星际碰撞产生的巨大引力能来维持生命。甚至,现在科学家仍不了解的暗能量和暗物质,是否也可以成为孕育生命的产房呢？说不定有朝一日我们的可见物质世界需要与暗物质世界展开宇宙级规模的大战。

回到地球上,科技的发展将会为我们带来无限的惊喜。随着人工智能和人造器官的发展和应用,或许在不远的将来,我们就会成为自己星球上的"外星人",超然一切生命之外。所以,相信未来,热爱生命！

众说纷纭的大谜题：生命起源

对生命来源的探索古往今来都是人们热衷的话题，受制于科学认知的局限，历史上出现过许多不靠谱的假说，但每种理论都有其独到之处。我们不批判这些理论有多荒谬，而是努力理解理论提出时的先进性，这才有可能指导人类在未来提出更"先进"的理论。

生命起源假说

● 万能的"神"

人类从古至今解决问题的方式都没有太大的改变，非要给所有的事情一个合理化的解释。现在我们宏大的知识体系能解决大部分的问题，而远古的人类则发明了"神"作为问题解决者。难以解释的问题都会甩给万年"背锅侠"——"神"。生命是怎么来的？神创的！这简短有力的3个字，解决了多年来的迷思。神创论认为生命起源于超自然力量，物种互不相关且永恒不变。这个定义给后人留下的攻击点是后半句话——神同一时间创造了各种生命，这些生命各自流传下来而不发生变化。显然，无论是万、亿年长时间的化石证据，还是百、千年短时间人类驯化动植物的改变，科学的观察都能够轻易证明这点的错误。

但是不要因此而嘲笑这个假说。首先，人类能从无到有地创造一个"神"的抽象概念，这已经

深思 2-8

超自然力量或者"神"是否包括外星人？早期造访过地球的外星人是否就是神创论中的"神"？

完全碾压其他物种了。其他动物聚集是为了捕食、繁殖、安全，这都是实实在在的好处；而人们在一起是为了信仰、理想、主义，这却是双手抓不到的东西。在其他动物眼中，为了神而殉道，不如吃一顿饱饭更为实际。其次，神创论的前半句则是很难反驳的，生命是怎样起源的至今没有得到实证，所谓的"神"或"超自然力量"是否是我们尚未发现的自然界新规律？毕竟人类历史上也曾将闪电当作超自然的力量"雷霆之怒"。因此，越是对自然有敬畏之心的科学研究者，就越不应该轻易地嘲笑或否定任何假说。

● 独家配方

在破除宗教对人类精神的束缚时，证明与神相关理论的错误是科学家们常用的有力武器。自然发生说（spontaneous generation），又称无生源说、自生论，认为生物可以从非生命的物质中直接而迅速地产生出来。荷兰科学家扬·巴普蒂斯塔·范·海尔蒙特（Jan Baptist van Helmont，1580—1644，见图2-7）在他的笔记中提到了两种合成生物的配方。① 在木桶里装上小麦，再盖上一件脏衬衫，三周后，小麦变成老鼠从木桶中跳了出来。② 将植物置于两块砖之间，经过日晒，里面就会有蝎子产生。这看似闹着玩的独家配方其实是来自

扬·巴普蒂斯塔·范·海尔蒙特
Jan Baptist van Helmont
1580—1644

弗朗西斯科·雷迪
Francesco Redi
1626—1697

路易斯·巴斯德
Louis Pasteur
1822—1895

斯万特·奥古斯特·阿累尼乌斯
Svante August Arrhenius
1859—1927

自生论　　反对自生论　　生生论　　胚种论

图2-7　生命起源著名的实验者

他对生活的认真观察,他的笔记中甚至暗示他有可能做过类似的实验。实验能手海尔蒙特主要研究柳树的生长情况,他测量了5年间植物重量的增长和泥土重量的下降之间的关系,从而认为空气中的二氧化碳也供给了植物生长。他继续通过燃烧木头研究二氧化碳,最终在位于贫民区的实验室内,因木头燃烧不充分产生的一氧化碳而中毒身亡。看到这里,你还觉得他的实验是纯属搞笑的吗?

公开数据的人都要有被人质疑的觉悟。1668年实验生物学奠基人,意大利医生弗朗西斯科·雷迪(Francesco Redi, 1626—1697,见图2-7)用细纱布把在瓶中的新肉盖住,使苍蝇不能接近,而在没有被细纱布盖住的瓶子中,苍蝇可以飞入导致生蛆。证明肉蛆不能自然发生,从而驳倒了自然发生说。但他并没有基于实验提出更先进的科学理论,反而支持了教会的神创论,因为他认为最初的苍蝇依然是上帝创造的。尽管实验做得非常令人信服,但是如果过度解读,错误演绎,最终的结论还是会谬以千里。

● 从有到有

科学家们终究不会和稀泥,有关生命起源的实验的严谨性越来越高,说服力也随之增强。微生物学之父法国微生物学家路易斯·巴斯德(Louis Pasteur, 1822—1895,见图2-7)的鹅颈烧瓶实验证明了微生物也不能自然发生。弯弯曲曲像天鹅脖颈的玻璃管有效阻止了空气中微生物的进入,因此

深思 2-9

阅读鹅颈瓶的例子后,思考你在生活中哪里可以用到这个现象?或者你见过类似"鹅颈瓶"原理的储存方式吗?

加热后的肉汤能长时间保持不腐败，一旦将鹅颈管打坏，空气中的微生物进入，能很快导致肉汤腐败。这个实验有力地说明了肉汤中的微生物不是从非生命中快速出现的，也是由于有了其他生命的进入而增殖的。生生论认为生物源于生物，非生命物质不能自发产生新生命。这个观点与雷迪的观点很类似，只不过巴斯德并没有基于该实验去讨论最初的生命来自哪里。像一名耍小聪明的学生，他选择了一道比较简单的题目，而把最难的题目又还给了老师。

• 天外来客

像巴斯德一样的"学生"大有人在，更过分的甚至将"生命起源"这个皮球踢给了外星人。斯万特·奥古斯特·阿累尼乌斯（Svante August Arrhenius，1859—1927，见图2-7）曾经因"电离理论的创立者"的身份获得了1903年的诺贝尔化学奖。是的，他是一名化学家，跨界到生命领域探讨生命的起源。"不务正业"的诺贝尔奖获得者提出了胚种论，认为地球上的生命是从天外飞来的，即宇宙微生物孢子传播生命。这个理论的证据是人们不断地在宇宙星际中发现有机物，甚至有氨基酸物质，有了构建生命的基本元件，那么"形成生命"在宇宙尺度这个极大的基数面前，再小概率的事情也有可能发生。但这个理论显然是把生命起源的问题抛向了宇宙。当然，能把生命起源的探究从地球拓展到宇宙，也是人类认知的一大进步。

博　闻

实际上很多科学家对生命现象都感兴趣，例如奥地利物理学家埃尔温·薛定谔（Erwin Schrödinger，1887—1961），作为量子力学奠基人获1933年诺贝尔物理学奖。他有一本畅销书，叫《生命是什么——生物细胞的物理学见解》。

● **慢工细活**

看似什么专业的人都能在生命起源问题上提出自己的观念,那么有没有靠谱的理论呢?现有被普遍接受的认知是生命起源于自然界的"慢工细活"。新自然发生论认为生命起源于非生命物质经化学途径的演化。这个理论与最初的自生论的主要差异在于,生命能否快速地从非生命的物质中产生,比如海尔蒙特的21天产生老鼠是自生论。而现在认为地球生命产生于至少35亿年前,可能更早在38亿~41亿年前。新自然发生论将生命产生分为4个阶段,无机小分子—有机小分子—生物大分子—多分子体系—原始生命(见图2-8)。这一步是怎么慢工出细活的?下面我们将详细讨论。

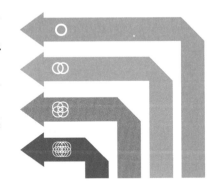

图2-8 新自然发生论

新自然发生论

新自然发生论认为生命起源经历了无机小分子到有机小分子,再到生物大分子,再到多分子体系，最后到原始生命4个环节。如果每个环节都能在实验室复现，那么该理论的正确性才能得到验证。

新自然发生论的4个步骤，越往后越接近关键非生命到生命的飞跃，因此也更难在实验室中重复。可喜的是，随着科学认知和实验技术的进步，人类离打通生命起源所有路径的时刻已经近在咫尺了。让我们见识一下最近科学界在解答生命起源问题的过程中有哪些令人兴奋的进展吧。

• 无机小分子到有机小分子

有机物的最初定义很直白，即字面含义：来自有机生命体的物质。出于对生命现象的迷之认知，科学家曾认定有机物只能由生命之力去合成。随着首个有机物尿素被人工合成，有机物与无机物间的神秘隔阂被打破了。这也使得生命起源的第一环节——无机小分子到有机小分子变成了纯粹的化学问题。早在1953年，美国芝加哥大学研究生米勒（S. L. Miller）在其导师尤利（H. C. Urey）指导下完成了著名的米勒模拟实验（Miller-Urey experiment）。模拟原始地球的海洋及大气情况，使用简单的无机小分子生成了有机小分子氨基酸。模拟海洋的水在加热的情况下蒸发，与甲烷、氨、氢等一起在有模拟闪电电弧的反应器中反应，冷凝的液体又可以回流至"海洋"中。反复循环下，气体在电能的作用下结合成有机物，在加热的水中再进一步发生转变，最后在液体中发现了4种氨基酸：甘氨酸、丙氨酸、天冬氨酸、谷氨酸。这4种氨基酸是现有蛋白质中常见的氨基酸。

米勒的实验设计和执行并非完善，首先其所设想的持续电能供给，在原始的地球中未必如此，原始地球中的能量来源除闪电外还有地热、阳光辐射等多种形式，这些能量单独或协同都可以产生类似的有机小分子。其次，原始大气中的主要成分是以CO_2和N_2为主，米勒实验并没有考虑到。再次，最重要的是米勒实验无法保证水的纯净性，一旦有微生物进入，在试验所处的高温水环境下，微生物中的大分子有可能降解成为有机小分子。所发现的氨基酸就很有可能来自"微生物汤"。好在,米勒实验的门槛并不高,现有大学实验室都能便捷地重复。有些研究团队不仅模仿了大气放电和海洋蒸发,还模仿了火山喷发,从而在实验中发现了更多的有机分子,包括所有的20种构成蛋白质的氨基酸,回应了对米勒实验的质疑[5]。

有机小分子只能在大气和海洋共同作用下产生吗?科学家们发现深海热泉不仅提供了高温能量,还提供了丰富的化学元素,是一个天然的化学合成实验室。事实上,大洋深处的深海热泉发现了完整的自主生态系统,既有肉眼看不到的嗜热细菌,还有体形巨大的多细胞生物如庞贝蠕虫、盲虾、雪人蟹。美国航空航天局(NASA)称深海热泉生物或许最接近外星生命。毕竟寻找同时拥有大气、海洋、陆地的类地星球难度很大,但是寻找有水的星球相对简单很多。太阳系中木星的卫星木卫2就是一颗冰封的岩石星球。在厚厚的冰层下很大概率存在液态水,并且受到木星的引力拉扯和摩擦,其也有可能存在类似深海热泉的地质结构,极有机会孕育不依赖光合作用的生物群落。

2020年,科学家模拟热泉喷口的3种含有铁的金属化合物作为催化剂使 H_2 和 CO_2 发生反应,形成对细胞生长至关重要的能量有机化合物——甲酸、乙酸、丙酮酸、甲醇、甲烷[6]。除了在地球上模拟实验,天文学家也在太空观测时发现了星际空间中有机小分子的光谱,证明了有机小分子产生的广泛性。

现在人们已经普遍接受了负责生命结构和能量供给的有机小分子都可以在原始地球产生,但从有机小分子发展到生命依然有漫长的旅途,它们需要抱团取暖,先形成有机大分子,才能获得更复杂的功能。

● 有机小分子到有机大分子

蛋白质、核酸、多糖等生物大分子是生命活动的物质基础。没有有机大分子的助力,有机小分子始终是一盘散沙,难以应付复杂的任务。有机分子的聚合很常见,我们身边的各种塑料制品就是有机小分子单体通过化学键"手拉手"连成串或形成网的。

由于米勒实验产生的氨基酸最终汇入海洋中，海洋成为各种有机小分子都存在的"原始汤"，加以时间，汤中的小分子就有可能发生碰撞聚合，形成大分子。这就是生命大分子起源的"海相起源说"。但是该假说的漏洞也很多。现在工厂中的聚合物生产，使用了高浓度单体，经过催化剂的催化，在高温高压条件下能够快速完成。但是在"原始汤"中，如果想让有机小分子发生聚合，要克服多个难关。首先，小分子聚合需要满足浓度要求。原始海洋这碗"汤"一定是伪劣品，其中有机小分子浓度极低。就像用一粒米熬一锅粥，名不副实。有机小分子间碰撞的概率很小，碰撞后也未必会发生聚合反应。试想一碗几乎尝不出味道的味精汤（谷氨酸钠溶液），很难直接产生谷氨酸聚合物。其次，有机小分子的聚合反应大部分为脱水反应，脱去水分子才能结合。其逆反应称为水解反应，即水分子加入导致聚合分子变成单体。在水环境中，相比脱水的聚合反应，水分子供应充足的水解反应更容易发生。即便我们给"汤"中的小分子足够长的时间去聚合，但同样长的时间也会使大分子发生水解。"海相起源说"难以经得起推敲，科学家们把目光转移到了水比较少的陆地。

在陆地上，完全无水的环境也不适合有机分子聚合反应的发生。因此，火山附近的小池塘或者小水洼，会由于火山和降水的影响出现水量的变化，成为核酸和蛋白质大分子发生缩合反应的理想场所。由于高温干燥，水体中的有机小分子会被浓缩，增大了发生聚合反应的概率。降水或者水体合并又会引入新的小分子，新一轮的水体浓缩时就会加入新的缩合反应。与"海相起源说"相比，"陆相起源说"所设想的环境更满足大分子缩合反应的发生条件。2009年，科学家成功地在陆相环境下制造出了2种RNA的核苷酸，条件是高浓度的初始小分子和紫外线辐射。而在海洋中，深厚的海水会强烈吸收紫外线，使得这样的反应难以发生。很多证据都表明生物大分子的合成有时也需要紫外线的帮助，并且反应需要极高的底物浓度，甚至是干燥的条件。同一团队的科学家进一步生成了DNA和蛋白质等生物大分子，但是还没有科学家能在模拟海水的条件下合成类似物质[7]。

"陆相起源说"似乎在实验室的模拟中更具优势,但是修正版的"海相起源说"也逐渐变得合理。如在原始海洋的海床上,有机小分子会被黏土选择性吸附,造成局部浓度增高,有利于发生缩合反应。这一过程和现在蛋白质人工合成的流程相近,需要有可吸附的固定相促进聚合反应有序发生。此外,在深海热泉附近,不仅有丰富的有机小分子供给,还有梯度高温作为能量输入,同时具有岩石等固定物的吸附表面,为生物大分子的形成提供了绝佳的环境。生物大分子的合成在现有的技术下也得以实现。例如2017年我国科学家参与国际合作,合成了酵母16对染色体中的6对半[8-11],并且在合成中加入了许多人工设置的基因编辑位点,为后续操作人工酵母做好了铺垫。2023年,科学家已经能从无到有合成酵母所有的16条染色体了,并且将其中一半数量的染色体放到同一个细胞中[12]。

有机大分子由于单体数量上的增加和特定排列的改变,会展现出与有机小分子截然不同的特性。哪怕其由完全相同的单体构成,由于连接方式不一致,在宏观上也会表现出天壤之别。例如单体均为葡萄糖的淀粉和纤维素,前者可以食用充能,而后者可以织布成衣。果腹和御寒,二者如果调换使用,则完全不可接受。功能的差异来自其葡萄糖的连接方式不同。淀粉以 α-1,4-糖苷键连接,纤维素以 β-1,4-糖苷键连接。前者使淀粉分子蓬松易于降解释放葡萄糖,后者使纤维素分子紧密排列,成为支持植物的强力材料。此外,具有信息存储功能的生物大分子DNA,可以通过改变序列而改变结构,完成对自身的组装。近年来,涌现出众多DNA折纸技术。在科学家的精心设计下,合成的DNA通过自组装折叠成了各种各样的图案,甚至还可以打破二维限制,折叠出三维的立方体。这些微小但有序的生物大分子部件,有可能进一步组装成小的分子工具,以至于变成复杂的分子机器。人们一直设想制造的纳米机器人,有可能要通过可以自组装的生物大分子来打开局面了[13-17]。

• 有机大分子到多分子体系

有机大分子的能力已经远超出有机小分子，但是没有任何一种有机大分子可以独立支撑起复杂的生命活动。人们认为RNA是最有可能的生命起源分子，由于其"多才多艺"，既能保存生命遗传信息，又能发挥生物催化作用，同时扮演了DNA和蛋白质的角色。但是只有RNA是无法完成繁殖、代谢等一系列生命活动的。现有生命形式中，最简单的生命结构病毒，也是至少拥有两种生物大分子——核酸和蛋白质。而具有细胞结构的生命体还必须有脂质作为细胞的膜结构。

苏联生物化学家亚历山大·伊万诺维奇·奥巴林（Alexander Ivanovich Oparin，1894—1980）将明胶水溶液和阿拉伯胶水溶液混在一起，在显微镜下看到了无数的小滴——团聚体。后来发现蛋白质与糖类、蛋白质与蛋白质、蛋白质与核酸相混，均可能形成团聚体。奥巴林把磷酸化酶加到含组蛋白和阿拉伯胶的溶液中，酶就浓缩在团聚体小滴内；再把葡萄糖-1-磷酸加到溶液中，后者就会扩散进入团聚体中并被磷酸化酶聚合成淀粉，完成一个简单的生命催化活动。

1959年，福克斯按比例把各种氨基酸混合物在干燥无氧条件下加热到160～170℃，得到很高分子量的类蛋白微球聚合物（聚氨基酸）。将类蛋白物质放到稀薄的盐溶液中加热溶解，冷却之后出现白色浊状物，在显微镜下观察，这些白色浊状物是无数微小的球状凝聚滴粒，福克斯把它们叫作类蛋白微球。

2018年，科学家合成了聚丙烯酸酯为细胞膜的人造细胞，在这些混合的人造细胞中，使用了微生物群体响应的通信方式，利用蛋白质作为信号分子，传递人造细胞的信号[18]。紫色细胞制造并释放荧光蛋白，灰色细胞接收并捕获荧光蛋白，自身变成绿色。这一工作模拟出类似真核细胞的结构是如何传递信息的。2020年，科学家模拟了叶绿体的结构，基于菠菜的光能收集装置，结合了9种不同生物体的酶，打造出了人工叶绿体[19]。与自然界的叶绿体一样，它能收集阳光,固定CO_2并生产富含能量的分子。

2021年,我国科学家在国际上首次实现了CO_2到淀粉的实验室从头合成。从动物、植物、微生物等31个不同物种来源挖掘合适的生物酶催化剂,构建了一条只有11步主反应的人工合成淀粉途径。这进一步说明了科学家们对生物生产规律的认识以及人工改造的能力都达到了新的高度。

● **多分子体系到原始生命**

即便多分子体系已经能够独立执行一些功能,如上文中提到的能量固定、分子合成、信号传递,但单一的功能并不能使它们成为生命(见图2-9)。生命需要独立维持所有功能。为此,下述3个条件是原始生命必须满足的。① 产生分隔的膜结构。细胞膜为生命创造了专属空间,在这个区域内,化学反应所需物质的浓度提高,使得反应能够高效进行。此外,由于有了膜的分隔,化学反应变得更加有序和可控。例如线粒体的膜系统把氢和氧的剧烈化学反应隔开,通过电子传递链分步完成能量的释放,充分利用"燃烧"的能量但不至于"自焚"。② 建立开放系统。膜的出现主要为了分隔,而不是隔绝。否则没有物质和能量的交换,细胞终会消耗掉一切走向死亡。细胞膜具有的选择透过性可以使细胞与外界发生有序的物质能量交换。③ 形成遗传密码系统。即便设计再精妙的仪器终究有用坏的一天,是修修补补继续使用呢,还是按照图纸再重新生产一个呢? 生命给出的答案是后者。繁衍成为将生命图纸代代相传的必要过程。而在繁衍中,信息传递依靠的就是遗传密码系统,用生命看得

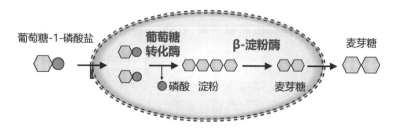

图2-9 一种具有膜结构的开放系统,但是缺少遗传体系,无法称为生命

懂的语言,将一代代积累的生存优势传递下去。

在实验室中,最难的模拟就是多分子体系到原始生命这一步,把化学合成升华为生物繁衍,至今还难以逾越。不过有些科学家的工作也很接近这一目标了。2020年,科学家使用非洲爪蟾的细胞制造出一个不到1毫米宽的"缝合怪"Xenobots。经过计算机设计,采用显微外科的方式对细胞进行空间排列,Xenobots实现了向目标移动、拿起物体、受伤后还可自愈伤口等生命功能[20]。1年后,这个团队升级了活体机器人到Xenobots 2.0,它能够使用红毛"腿"自行推进,还有记录信息的能力。下一个版本是Xenobots 3.0,它成为有史以来首个可自我繁殖的活体机器人。它的繁殖过程是将培养基中的单个细胞收集起来(因为它是有"腿"的),当这些细胞聚集数量足够多时,会成为一个新的个体,继续执行细胞收集的任务。只要科学家提供足够多的单个细胞,这个机器人就会子子孙孙无穷匮[21]。

虽然上述研究进展已经非常酷炫了,但是别忘了,活体机器人的组成元件仍是自然界中的已有生命形式。人类并没有在实验室中从非生命制造出生命来,这也让制造生命的话题依然具有探索的魅力。

生命初期演化

由非生命到生命,演化方式由化学方式转变为生物方式,涉及生物独有的遗传、变异、受环境的选

深思 2-10

从多分子体系到原始生命之间似乎存在"生命体"和"非生命体"的分水岭;你认为这两者最本质的区分是什么?

如果可以化学合成含有"自主复制、分裂、底物利用"的细胞系统,它可以称为生命体吗?

如果把细胞所有零部件合成、组装到一起,能否形成人造生命?

择并适应环境。在此过程中,理论上应有一次有意义的飞跃阶段,但目前这一过程仍然是灰色地带。一方面,化学家和生物学家还没有在实验室中复现出非生命到生命的过程,虽然有一些号称"人造生命"的实验,但都难免使用了现有的生物材料,严格来讲是"从生到生"。完全以化学合成的方式启动生命体,依然仅存在于科幻小说中。另一方面,在生命产生之初,很难留下长久的化石证据,处在飞跃阶段的生命十分幼小和脆弱,难以在漫长的地质年代中留下自己的痕迹。因此,关于非生命到生命的飞跃,是一个充满科学假说的话题(见图2-10)。

图2-10　早期生命起源研究的难点

对于生命最早产生的时间,当今科学家只能给出时间的边界。最初生命的证据被保存在岩石中:微化石记录到35亿年前,化学化石记录到38亿年前,岩石记录到40亿年前。2015年的研究将生命起源时间推至41亿年前[22]。早期的原始大气是还原性的,缺乏游离的氧,其中进行光合作用的原核生物对地球环境的改变产生了巨大的作用,不但将太阳的辐射能转化为丰富的化学能,同时也释放出了分子氧,改变了原始大气的成分。光合微生物有许多种类,其中重要的一类称为蓝细菌,与现今的蓝藻很像。在元古宙长达10亿多年的时期里,蓝细菌一直是生物圈中的优势类群。在整个生命史的前四分之三的时间里,原核生物也是地球生物圈唯一的或主要的成员。就是这不起眼的小小蓝细菌,凭借着庞大的数量和漫长的时间,终于将地球改造成为空气中具有21%(体积分数)氧气的活力星球。

随着大气状态的改变,使用氧气的生物也慢慢出现,生命开始变得复杂。1970年代末,古菌的发现使科学家们提出,生命之树从很久以前就分出了三支树干,或者说三个"域"。一支是现代细菌的源泉,另一支是古菌,第三支是真核生物。其中古菌似乎与真核生物更接近,它们与细菌并无传承的关系(见图2-11)。但学界很快就爆发了关于分支结构的争论。主流的三域系统模型坚称古菌和真核生物从同一个祖先分化而来。而一种二域模型认为真核生物是从古菌下属的一个类别中分化出来的。2019年的工作中,一群以洛基(Loki)和其他北欧众神为名的古菌重新激起了关于复杂生物起源的辩论。洛基是北欧神话中著名的反派,喜欢给人惹麻烦。古菌 *Lokiarchaeota* 的表现与洛基一样,给科学家们带来了疑惑,很难简单概括描述它们的亲缘种。作为毫无疑问的古菌,基因组中包含了各种与真核生物基因相似的基因。例如,Loki的DNA

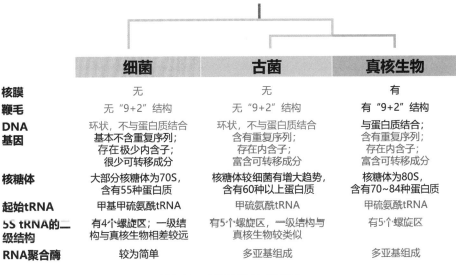

	细菌	古菌	真核生物
核膜	无	无	有
鞭毛	无 "9+2" 结构	无 "9+2" 结构	有 "9+2" 结构
DNA 基因	环状,不与蛋白质结合 基本不含重复序列; 存在极少内含子; 很少可转移成分	环状,不与蛋白质结合 含有重复序列; 存在内含子; 富含可转移成分	与蛋白质结合; 含有重复序列; 存在内含子; 富含可转移成分
核糖体	大部分核糖体为70S, 含有55种蛋白质	核糖体较细菌有增大趋势, 含有60种以上蛋白质	核糖体为80S, 含有70~84种蛋白质
起始tRNA	甲基甲硫氨酰tRNA	甲硫氨酰tRNA	甲硫氨酰tRNA
5S tRNA的二级结构	有4个螺旋区;一级结构与真核生物相差较远	有5个螺旋区,一级结构与真核生物较类似	有5个螺旋区
RNA聚合酶	较为简单	多亚基组成	多亚基组成

图2-11 三域系统模型中的相似点

博 闻

真核细胞内共生起源说的证据

膜形态结构： 线粒体和细菌相似，叶绿体和蓝藻相似。

化学组成： 线粒体外膜与真核细胞质膜相似，内膜与原核细胞质膜相似。

半自主性细胞器： 线粒体和叶绿体像细菌一样，以二分裂方式进行繁殖，所含的 DNA 均为裸露的环状分子。

核糖体： 真核细胞核糖体在大小和对蛋白质合成抑制剂的反应上与原核生物相似。

内共生现象： 现今真核细胞也存在。

分子进化证据： 比较 16S rRNA 序列发现红藻的叶绿体是由蓝藻演变而来的。

同工酶与代谢途径。

中含有肌动蛋白基因，所编码的蛋白质在真核细胞中形成类似骨架结构。这个证据几乎确定了真核生物来自古菌[23]。

那么真核细胞是怎么演化而来的呢？这个过程可以认为是单细胞生物间一种被动的团队合作。单细胞生物捕食方式比较简单粗暴，就是将对方包裹起来，进一步在细胞内消化吸收。但是有些细胞"消化不良"，吞入的其他细胞居然能在体内苟延残喘。终于有那么几次机缘巧合，被吞噬的细胞利用吞噬者的资源在细胞内活了下来。作为回报，被吞噬者负责了某些特殊的功能以换取长久的居住权，例如线粒体的能量释放以及叶绿体的光合作用。这样达成了原始的合作关系，最终形成了现在的真核细胞。

内共生事件似乎发生了多次，但2021年关于线粒体的研究却展现出现有的形式多样的线粒体都来自单一的共同祖先，这意味着几十亿年前的一个古菌无意中吞噬了一个细菌，线粒体就这样流传万世了[24]。

真核细胞的出现可谓是演化历史的一大飞跃。细胞更为重视自身的遗传物质，为其搭建了可供容身的细胞核，这足以见证真核细胞的"雄心壮志"。真核细胞可以很好地控制自身的遗传物质数量，有性生殖时，细胞减数分裂产生配子，配子结合后遗传物质的总量保持不变，真核细胞对遗传物质数量的精准掌控，使得这场加加减减的工作繁而不乱。无性繁殖单独占据了生命演化30亿年的三分之二的时长，即便在现在，仍有大量生命形式选择无性繁殖，不仅仅包含微生物，还有众多的脊椎动物。但无性繁殖太过求稳，仅仅靠自然界的随机突变产生新性状的效率太低。有性繁殖每一次都会替换掉一半的遗传物质，显著增加了新性状出现的可能性，加速了物种的演化。在这一点上，真核细胞功不可没。

真核细胞出现，也推动了生命的多细胞化。例如一个人的所有细胞，都具有相同的遗传物质，那为什么细胞会变成不同的样子，执行不同的功能呢？细胞选择性地解锁自己的基因，成长为身体需要的表型，这又需要对遗传物质表达进行精密控制。显然，将遗传物质散乱地放在细胞内的原核生物，还难以企及将遗传物质细致打包（形成染色体）的真核细胞的控制能力。一个好汉三个帮，真核细胞虽然通过吞噬获得了能量发动机（线粒体）和能量收集器（叶绿体），但受限于单个细胞的大小，不可能将所有功能都集中于一个细胞当中，成为单细胞超级英雄。因此，细胞另辟蹊径，通过"集体主义"来增强团队能力。实践证明，细胞在逆境下喜欢抱团取暖（如形成生物膜、絮凝体等），往往能生活得更好。因此单个细胞从偶尔的团队合作，到形成长期的细胞聚集体，再到有明确任务分工——有些负责获取营养，有些负责繁殖，有些负责运动，多细胞生物就这样形成了。2010年，由法国等多国科学家对来自加蓬的化石的研究发现，多细胞生物起源于21亿年前[25]。多细胞动物海绵是早期多细胞生物的代表，海绵没有组织器官的分化，其细胞具有独立性，还与大量微生物所共生。但海绵的"设计理念"足够好，已经生存了5亿多年的海绵到现在依然是祖先的模样。"不需要修改就能活得很好"是对演化设计的最高褒奖[26]。

"生命黑户"病毒是如何起源的，与其是否为生命或曾经是否为生命息息相关。现在围绕病毒起源的理论有以下3种。

（1）退化起源学说。细胞的寄生物在不影响其生存的条件下，逐渐丢失部分结构和功能，就像现在的寄生虫一样，多余的器官如消化和运动器官都会消失，保留下来的主要是繁殖系统。因此，寄生单细胞的生命体退化掉多余结构，只留下来遗传物质。当这些遗传物质被一些蛋白质包裹，便可以脱离细胞，从而具有了感染其他细胞的能力，最终成为单独的病毒得以自行传播与繁殖。

（2）胞内核酸起源学说。在进化过程中，正常细胞的组分因获得自主复制的能力而形成病毒。例如细菌中本身具备较为自由的质粒（环状DNA），可以在不同细胞间转移，转座子和反转座子也是可以移动的DNA结构。mRNA如果具有了自我复制的能力，不仅可以产生蛋白质，还能进行自我复制。如果这些细胞中正常的核酸能力失控，就会消耗细胞的资源用于自身的无限复制，变成病毒。

（3）裸基因学说。该学说认为最早的病毒可能是裸露的RNA分子即裸基因。在生命起源的理论中，先有蛋白质还是先有DNA的争论，逐渐被先有RNA所取代，由于RNA同时具有传递遗传信息和催化生化反应的功能，因此身兼数职的RNA更具有生命起源分子的模样。如果生命起源于RNA，那么病毒这个介于非生命和生命的特殊存在，也很有理由认为是RNA直接演化而来的。可能病毒并非是细胞生物的小弟，而是生命的祖辈。

随着研究的深入，形形色色的病毒让人们感受到了自然选择的神奇。2020年科学家们报道了一种拥有最大基因组的噬菌体。由于分离单个噬菌体比较困难，科学家们测量了来自不同生态系统的噬菌体的DNA序列，发现了数百个长度超过200 kb的噬菌体基因组，其中包括一个735 kb的基因组。这么大的基因组里不仅包含该噬菌体繁殖所需的信息，还有许多噬菌体竞争者的信息。大噬菌体将竞争者的信息提供给细菌宿主的免疫系统（CRISPR-Cas），让宿主帮助自己打压竞争者。看到这样的"驱虎吞狼"策略，你还觉得病毒是原始低级的类生命形态吗？[27]

本章的最后一个问题："我们能制造生命了吗？"制造生命的技术关卡终究会被人类突破，因为生命中并没有超出现有物理化学规律的神秘力量。但是，限制制造生命的桎梏是伦理。弗兰克斯坦制造的缝合怪能否不被歧视，能否拥有所有人权，去正常生活、繁衍、发展。在当今人类社会还远远未达到理想中的平等和包容的时候，"科学怪物"的出现将是毁灭性的。科幻小说《西部世界》中描述了机器人觉醒后对人类进行杀戮，那我们如何能确保人造生命不会对人类世界进行反噬呢？科学技术的发展是迅速的，而人类道德水平的提升是相对缓慢的，当科学家去探索生命的起源，试图制造生命时，一定要考虑这是否会成为人类社会终结倒计时的开始。

| 前沿瞭望 | 病毒如何起源至今仍难以探究，但是对于病毒如何演化，科学家们已经有了一些认知，尤其是脊椎动物和病毒的"恩恩怨怨"。可在微信公众号"生态与演化"中搜索阅读《脊椎动物 RNA 病毒演化史》。 |

"深思"提示

▶ 深思 2–1

按照本书中的定义，上述都不属于生命，缺少6个指征中的某些条。

▶ 深思 2–2

元素含量固然重要，环境条件也很重要。例如在星球温度下，如果含量多的元素并不能较为自由地形成多种分子，也难以成为生命的主要元素。但是相对于金属性强的铁元素，硅元素更有可能成为类似碳元素的生命元素。

▶ 深思 2-3

五级结构是指多个四级结构的蛋白质通过相互作用形成的超分子复合物。但此概念并不是一个广泛认可的概念。

▶ 深思 2-4

目前，器官移植都未涉及大脑，通常认为大脑是决定一个人的核心器官。哪怕全身器官都替换掉，大脑保留，一个人还是之前的那个人。

▶ 深思 2-5

例如阿斯巴甜可以与糖受体结合，产生甜味的感觉；薄荷醇结合冷感受器，产生凉的感觉。

▶ 深思 2-6

相似点应该有很多，但是某些隐性遗传未必会表现出来，这不是基因突变引起的，可能再下一代就会再次出现隐性遗传的特征。

▶ 深思 2-7

后续段落已有解释。

▶ 深思 2-8

"神"是人类对未知事物的另一种表述，按照胚种论的理解，生命来自外太空。我们无法否定外星人的存在，也有可能外星人与地球生命起源有关。

▶ 深思 2-9

罐头。

▶ 深思 2-10

最本质的区别在于能否实现自我复制，或者称为繁殖。如果化学合成的物体具有书中描述的所有生命特征，当然可以称为生命体。细胞的零件组合到一起，还需要自主运作下去，才能称为生命，否则就是一具冰冷的"尸体"。

参考文献

[1] KUPFERSCHMIDT K. Taming the monsters of tomorrow[J]. Science, 2018, 359(6372): 152–155.

[2] SEO D, BOROS B D, HOLTZMAN D M. The microbiome：a target for Alzheimer disease？[J]. Cell Research, 2019, 29(10): 779–780.

[3] YUAN A H, HOCHSCHILD A. A bacterial global regulator forms a prion[J]. Science, 2017, 355(6321): 198–201.

[4] DOMINY S S, LYNCH C, ERMINI F, et al. *Porphyromonas gingivalis* in Alzheimer disease brains：evidence for disease causation and treatment with small-molecule inhibitors[J]. Science Advances, 2019, 5(1): eaau3333.

[5] JOHNSON A P, CLEAVES H J, DWORKIN J P, et al. The Miller volcanic spark discharge experiment[J]. Science, 2008, 322(5900): 404.

[6] PREINER M, IGARASHI K, MUCHOWSKA K B, et al. A hydrogen-dependent geochemical analogue of primordial carbon and energy metabolism[J]. Nature Ecology & Evolution, 2020, 4(4): 534–542.

[7] XU J, CHMELA V, GREEN NICHOLAS J, et al. Selective prebiotic formation of RNA pyrimidine and DNA purine nucleosides[J]. Nature, 2020, 582(7810): 60–66.

[8] WU Y, LI B Z, ZHAO M, et al. Bug mapping and fitness testing of chemically synthesized chromosome X[J]. Science, 2017, 355(6329): eaaf4706.

[9] XIE Z X, LI B Z, MITCHELL L A, et al. "Perfect" designer chromosome V and behavior of a ring derivative[J]. Science, 2017, 355(6329): eaaf4704.

[10] ZHANG W, ZHAO G, LUO Z, et al. Engineering the ribosomal DNA in a megabase synthetic chromosome[J]. Science, 2017, 355(6329): eaaf3981.

[11] SHEN Y, WANG Y, CHEN T, et al. Deep functional analysis of synII, a 770-kilobase synthetic yeast chromosome[J]. Science, 2017, 355(6329): eaaf4791.

[12] SCHINDLER D, WALKER R S K, JIANG S, et al. Design, construction, and functional characterization of a tRNA neochromosome in yeast[J]. Cell, 2023, 186(24): 5237–5253.

[13] JUN H, ZHANG F, SHEPHERD T, et al. Autonomously designed free-form 2D DNA origami[J]. Science Advances, 2019, 5(1): eaav0655.

[14] WAGENBAUER K F, SIGL C, DIETZ H. Gigadalton-scale shape-programmable DNA assemblies[J]. Nature, 2017, 552(7683): 78–83.

[15] ONG L L, HANIKEL N, YAGHI O K, et al. Programmable self-assembly of three-dimensional nanostructures from 10,000 unique components[J]. Nature, 2017, 552(7683): 72–77.

[16] TIKHOMIROV G, PETERSEN P, QIAN L. Fractal assembly of micrometre-scale DNA origami arrays with arbitrary patterns[J]. Nature, 2017, 552(7683): 67–71.

[17] PRAETORIUS F, KICK B, BEHLER K L, et al. Biotechnological mass production of DNA origami[J]. Nature, 2017, 552(7683): 84–87.

[18] LESLIE M. Artificial cells gain communication skills[J]. Science, 2018, 362(6417): 077.

[19] MILLER T E, BENEYTON T, SCHWANDER T, et al. Light-powered CO_2 fixation in a chloroplast mimic with natural and synthetic parts[J]. Science, 2020, 368(6491): 649–654.

[20] KRIEGMAN S, BLACKISTON D, LEVIN M, et al. A scalable pipeline for designing reconfigurable organisms[J]. Proceedings of the National Academy of Sciences, 2020, 117(4): 1853.

[21] KRIEGMAN S, BLACKISTON D, LEVIN M, et al. Kinematic self-replication in reconfigurable organisms[J].

Proceedings of the National Academy of Sciences, 2021, 118(49): e2112672118.

[22] BELL E A, BOEHNKE P, HARRISON T M, et al. Potentially biogenic carbon preserved in a 4.1 billion-year-old zircon[J]. Proceedings of the National Academy of Sciences, 2015, 112(47): 14518–14521.

[23] WATSON T. The trickster microbes that are shaking up the tree of life[J]. Nature, 2019, 569(7756): 322–324.

[24] KLECKER T, WESTERMANN B. Pathways shaping the mitochondrial inner membrane[J]. Open Biology, 2021, 11(12): 210238.

[25] ALBANI A E, BENGTSON S, CANFIELD D E, et al. Large colonial organisms with coordinated growth in oxygenated environments 2.1 Gyr ago[J]. Nature, 2010, 466(7302): 100–104.

[26] TURNER E C. Possible poriferan body fossils in early Neoproterozoic microbial reefs[J]. Nature, 2021, 596(7870): 87–91.

[27] AL-SHAYEB B, SACHDEVA R, CHEN L X, et al. Clades of huge phages from across Earth's ecosystems[J]. Nature, 2020, 578(7795): 425–431.

第3章

演化路漫漫其修远兮：
化石与生物发展

　　让我们以一个小小的智力测试开始本章的内容。当依次出现以下3个描述时，看看谁可以最快猜出这是什么职业：① 有敏锐观察力，能发现蛛丝马迹；② 必须要到现场调查取证；③ 只办理死亡案件。机智的朋友可能在第①条的时候脑中会浮现出诸如狄仁杰、福尔摩斯、柯南等侦探的模样。但这只是正确答案之一，如果仔细思考，会发现实际上符合这些描述的职业还有很多。例如本章我们即将谈到的考古工作者。这个小测试展现出考古与破案的高度相似之处，让我们把考古当成一场探案，开展对化石的探究吧。什么才算是化石？化石能告诉我们什么线索？有了这些线索，我们如何推断出发生在亿万年前生物身上的故事？接下来，我们一一探索。

成为化石名侦探: 化石的作用

侦探小说常会为读者开启"上帝视角",但普通人探案是有门槛的。破案需要收集繁杂的线索并进行合理的推测,不可否认,灵光一闪的想象也很重要。如果你也想体验这一过程的话,本章提供了3件化石"命案",证据已经展示在图3-1中。强烈建议暂时收起好奇心别往下看,先猜一猜这些图片蕴含的故事。最终可以对比自己的推理与科学家的专业结论相差有多大。如果是八九不离十,那么恭喜你,你具有从事化石研究的良好潜质!

案件1[1] 案件2[2] 案件3[3]

图3-1　化石破案任务

解读证物

化石是破案的关键证物,它的定义与分类是最基本的知识储备。青花瓷是不是化石? 答案显而易见,是古董而非化石。化石至少应与生物有关联。埃及法老木乃伊是化石吗? 诚然,它来自有机生命体,但化石定义中对古生物的时间是有限定的,需要在全新世(1.2万年前—现在)前。木乃伊距今为4 000 ~ 5 000年,没有满足时长的要求。人类祖先猿人的骨骼遗留到现在算不算化石呢? 猿人的时间在200万年之前,因此符合定义。琥珀算不算化石? 琥珀是古代植物分泌的汁液,与生物相关,自然也是化石的一种。因此化石的定义逐渐明确了。化石是存于地层中的古生物遗体、遗物或遗迹。古生物的时间要早于全新世。

● **化石的分类**

按照保存特点，可以将化石分为遗体化石、模铸化石、遗物化石和遗迹化石（见图3-2）。

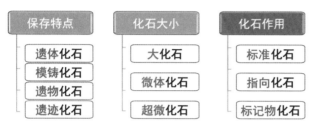

图3-2　化石的分类

遗体化石，由古生物遗体如动物骨骼、植物茎秆等经石化而形成。如猛犸象骨骼化石和树木化石硅化木等。化石中原有的含碳化合物几乎都被难以降解的硅酸盐或其他矿物质所替代。此类化石保持了古生物遗体的原始形状，但成分发生了根本性的变化，因此也称为变质化石。变质的过程赋予了脆弱有机体组分对抗时间的能力，在亿万年复杂的地质演变过程中，保持了原有的状态，直到展现在人们的眼前。

变质化石的对立面是不变质化石。显而易见，不变质化石很难抵抗时间的消磨，因此不变质化石的形成往往需要特殊的保存条件，例如被瞬间封印在琥珀中的小生物、在寒冷环境下冻存的生物遗体。在西伯利亚的冻土中发现了猛犸象遗体，保存

深思 3-1

如何在家里制作一个不变质化石？

依然良好。2016年，加拿大育空地区的永久冻土带中发现了5.7万岁小母狼的不变质化石。通过X射线检查牙齿和身体，确定它的年龄为6～7周，主要吃鱼类和其他水生猎物。这只幼崽可能死于洞穴坍塌[4]。

模铸化石，指生物体在底层或围岩所留下的各种印模和复铸物，包括印痕化石和印模化石两种。印痕化石是生物留下的印记，即便生物体已经腐烂，痕迹还能保留生物部分原始状态。可以理解为在石碑上的拓印，也可以认为是古生物特殊的"照片"。生物体柔软的部分无法像骨骼一样长期不腐，主要通过该方法保存下来。它能够让考古学家一窥那些难以保存的柔软有机体，知道远古树叶和鸟儿羽毛等的外形。更妙的是，生物柔软的组织留下了印痕化石，坚硬的骨骼形成了遗体化石，两者处于同一空间，可巧妙地剖析出古生物的身体结构。印模化石是完整保存在围岩中的生物硬质的部分，如贝壳，但是后续被地下水溶解，留下了生物的外形。简单对比，印痕化石主要保留软组织的形象，印模化石则保存硬组织的形象。前者偏向于平面印刷，后者更接近于3D打印。

遗物化石，由古生物的粪便、卵（蛋）、植物的汁液等形成的化石，如恐龙蛋化石、琥珀、粪便化石等。古老粪便可以存留数千年，甚至可以一直保持原来的形状和颜色。考古学家通常可以根据其大小和其他特征来区分人类和动物的粪便。但狗粪是很难与人类粪便区分开来的，每当研究人员想要重现古人类的饮食结构时，经常会被狗粪所干扰。

遗迹化石，由古生物活动时留下的痕迹形成的化石，例如恐龙的足迹或软体生物在岩石上构建的孔道等。尽管这类化石不包含生物实体，但它们能为考古学家提供关于生物大小、重量、运动特征等多方面的信息。遗迹化石能够弥补古生物实体化石在地层分布和保存上的不足。

除了根据化石的保存特点分类，根据化石的大小及作用，也可以对化石进行不同角度的分类（见图3-2）。如根据化石大小，可分为 ① **大化石**：眼睛或放大镜可以观察到的；② **微体化石**：光学显微镜观察到的，如有孔虫、放射虫、孢子及花粉等; ③ **超微化石**: 必须使用电子显微镜才能观察到, 主要指超微浮游生物。因此在自然博物馆中看到的化石都是大化石, 毕竟参观者不会随身携带显微镜。超微浮游生物的体形极小、数量很多、分布很广, 不论在前寒武纪的古老岩层中还是最近的沉积岩层中均可找到, 它对研究前寒武纪地层及不含大化石的地层很有价值, 也可用于对古环境的探索。

根据化石的作用, 可分为标准化石、指向化石和标记物化石。① **标准化石**指仅保存在特定地质年代的化石, 如在某地层发现了三叶虫化石, 则该地层可以确认为寒武纪地层, 因为三叶虫仅存在于寒武纪时代。② **指向化石**指说明地层沉积环境的化石, 如喜马拉雅山区经常会发现海洋生物的化石, 则证明喜马拉雅山区在历史上曾经是一片汪洋大海。③ **标记物化石**是古代生物大分子的降解产物, 例如植烷为叶绿素的分解产物, 植烷的出现, 表明已有光合作用发生。因此对标记物化石进行分离、鉴定, 可确定生物的存在和属性。2018年, 科学家在来自阿曼、西伯利亚和印度的岩石中, 找到了自然界中只有海绵才能合成的26-甲基豆甾烷(26-mes)的类固醇化合物。这些生物标记物表明6.6亿~ 6.35亿年前可能已经有动物在海底生活(见图3-3)[5]。

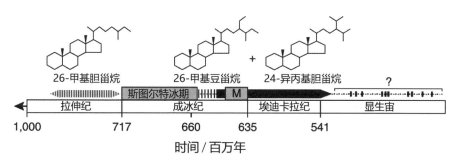

图3-3 海绵的标记物化石[5]

● **常见的化石**

三叶虫, 节肢动物门, 全身明显分为头、胸、尾3部分。坚硬的背甲被两条背沟纵向分为大致相等的3片, 故得名三叶虫(见图3-4)。它是距今5.4亿

深思 3-2

不要觉得化石离大家的生活比较远,化石也并非只能在自然博物馆才可以看到。你身边有化石存在吗?化石是否会出现在常见但意识不到的地方?找一找下图中上海交通大学校园内的化石在哪儿?

年前寒武纪出现的最有代表性的远古动物,在5亿～4.3亿年前发展到高峰,在2.4亿年前的二叠纪完全灭绝,前后在地球上生存了3.2亿多年,是一类生命力极强的生物。

菊石,软体动物门头足纲,是已灭绝的海生无脊椎动物,与鹦鹉螺是近亲(见图3-4)。它出现于古生代泥盆纪初期(距今约4亿年),繁盛于中生代(距今约2.25亿年),广泛分布于世界各地的三叠纪海洋中,白垩纪末期(距今约6 500万年)绝迹。

硅化木,是一种特殊的木化石,因富含二氧化硅而得名,是远古树木在地质作用下成分被硅元素替换后的产物(见图3-4)。值得注意的是,同为植物化石的煤炭则呈现出不同的物质组成和形成过程。煤炭主要由碳元素构成,其高热值特性使其成为重要的化石燃料。树木在死亡后最终形成硅化木还是煤炭,主要取决于其埋藏环境的地质条件和成岩作用过程,包括温度、压力、地下水成分等多种因素的综合影响。

图3-4　三种常见化石:三叶虫、菊石与硅化木(作者收藏)

推断时间

● 形成过程

化石最吸引人的属性，就是其跨越漫长岁月将远古生命的信息传递给当今的人类。与其他信息存储的方式（如纸上的碳粉墨迹、硬盘中的磁信息、光盘上的光信号等）相比，化石所携带的信息更经得住时间的洗刷，可以说化石实现了生命某种意义的"永生"。但形成化石的门槛非常高。Bill Bryson 在《万物简史》中写道，生物体变成化石的概率非常低，估算仅为十亿分之一。如今生活在地球的 70 亿人口当中，最终可能只有 7 人有此"殊荣"。那么变成化石的过程是怎样的呢？

首先生物体死亡后需要快速隔离空气，这能够保证生物尸体不会在短时间内被捕食者吃掉，或被食腐者和微生物腐败降解掉，给后续漫长的形成过程创造了良好的开端。这解释了为什么能够发现大量的鱼类化石，因为鱼类死亡之后会迅速沉到水底，很快被泥沙覆盖，从而达到隔绝空气的目的。此外，松柏类分泌的油脂包裹小生物，在瞬间就完成了空气隔离的步骤，因此能够最大化地定格生命生前一刻。

其次是生物体要发生石化作用，脆弱的有机体不能一直依靠特殊环境来维持，如果生物遗体、遗物或遗迹没有转变为更耐久的石头，那么终将在某次地质活动或环境变化中被毁掉。例如木乃伊虽然在沙漠干燥气候下可以长时间保存，但是当干燥条件改变，木乃伊很快会被微生物降解。其他古墓中发现的干尸、湿尸也是如此，必须小心翼翼地维持发现时的环境条件，不然很难保存亿万年。生物组织变成石头的过程需要发生有机组织与外界的物质交换，如硅化木是土壤中的硅酸盐成分替换了木质中的碳基成分，动物骨骼化石是铁、锰矿物质替换掉骨骼中的羟基磷灰石成分。这样看来，帝王们喜欢使用坚硬棺椁隔绝外界矿物质的进入，反而是最不利于他们变成化石的操作了。

最后,当一块化石经历千难万险完成了石化作用。它所祈祷的是其所在地层不是下降地层,因为下降地层终将下至地幔。此处的高温会融化岩石变成岩浆。而上升地层则让化石有望"重见天日",从而将远古生物的信息传给人类。

根据化石的形成过程,可总结出影响化石形成的几个重要条件(见图3-5)。

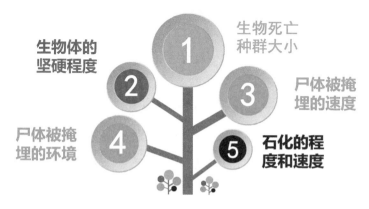

图3-5 化石形成的几个重要条件

(1)生物死亡种群大小。考虑到十亿分之一的形成化石的概率,如果生物种群的生物数量较少,那么很难有机会在地层中发现该种群化石的存在。这也解释了基于化石的生物进化研究过程中,常会缺失所谓的过渡物种。极有可能是过渡物种存在时间短,种群数量少,因此没有合适的化石保留下来,或者少量的化石尚未被发现。

(2)生物体的坚硬程度。容易形成化石的生物部位多为植物茎秆,或动物骨骼、外壳等坚硬部分,相对于柔软组织,这些部分不会被快速降解,有更大的概率形成化石。而像水母等软体动物,想要了解其形态特征,就只能指望印痕化石了。

(3)尸体被掩埋的速度。化石形成需要快速隔绝空气,掩埋速度过慢,将造成尸体的不可逆的破坏。某些地质灾害,如火山喷发、泥石流、海啸,甚至是小行星撞击地球等事件，会快速杀死大量生物并迅速将尸体掩埋，不给微生物降解尸体提供可乘之机。

（4）尸体被掩埋的环境。尸体所处的环境可以长时间维持尸体不朽，但只有发生石化作用才能形成稳定的化石。否则无论干尸，还是湿尸，都无法长时间应对环境变化而不朽。

（5）石化的程度和速度。倘若石化作用尚未完成，化石便被推出地表，在外界复杂的气候条件下风吹日晒、冰冻雨淋，石化程度低的化石很容易被破坏掉。

看到这里，化石给我们的感受就是稀有、罕见、价值高。实际上如果从形成的规律上看，我们能得到一些有趣的结论：十亿分之一的形成概率，对于绝大多数生物而言是很高的门槛，但对于很多生物，这并不算什么。那么如果种群的生物数量非常多，并且它们也有坚硬的身体部分，那是不是会大量发现这类生物化石呢？猜得没错，常见的海洋生物化石就是其中之一。2021年贵阳机场洗手间的大理石台上就发现了很多海洋贝类的化石，还因此上了热搜，被称为"凡尔赛"。如果认真观察，你也能在一些石质古建筑上依稀看到化石的踪影。我曾在加拿大参加当地儿童节活动，主办方为孩子们准备了一个预埋化石的大沙坑，孩子们可以自由挖掘并免费带走化石。其中大部分是鲨鱼牙齿化石。要知道鲨鱼一生中要替换掉数千颗牙齿，而牙齿又极易形成化石，因此鲨鱼牙齿化石是非常廉价的化石，可以免费赠送给参与游戏的孩子们。

● 判断时间

判断化石形成的时间对于了解化石背后的故事尤为重要。推断化石时间有许多种方法，较为粗略的方法就是观察化石出现在地层的位置，越靠上则代表化石越年轻。精准的时间判定决定了科学家还原真相的准确度。现在最常用的精确时间测量方法是放射性同位素衰变法。

　　放射性元素会以一定的速率发生衰变——变成其他元素，这一过程是物理变化而非化学变化，是原子核特有的性质，因此几乎不受环境的影响。放射性元素的原子核有半数发生衰变时所需要的时间叫作半衰期（half-life time）。对于给定同位素而言，这是一个恒定值，因此可以得到如图3-6所示的半衰期曲线，通过测量初期放射性物质的量以及化石中残余放射性物质的量，就可以在半衰期曲线上找到对应的时间间隔。当然确定最初放射性物质的量也是难点。科学家们通过寻找一些特定事件来估算环境中放射性物质的含量，继而可以估算出生物体内放射性物质的量。比如说大气中的二氧化碳，其中放射性同位素的量是由太阳风电离辐射等引起的，细胞新陈代谢不停地交换CO_2，因此体内的放射性同位素的浓度与当时大气的一致。但是当生物体死后，其体内的放射性同位素就会单向下降。

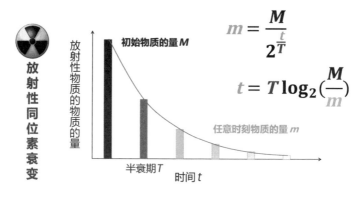

$$m = \frac{M}{2^{\frac{t}{T}}}$$

$$t = T \log_2\left(\frac{M}{m}\right)$$

图3-6　半衰期曲线及时间测定方式

　　使用放射性同位素法测量时间有一个弊端，就是当放射性同位素的含量非常低时，微小的浓度差就会带来时间上的较大误差。比如10个半衰期和11个半衰期的浓度仅相差初始浓度的0.049%（$1/2^{10}-1/2^{11}=0.049\%$），但是时间差了整整一个半衰期。在研究古生物化石的时候，科学家偏爱使用^{14}C，因为生物体中富含碳元素。但是^{14}C半衰期仅为5 730年，按照10个半衰期的用法，可以测量不超过6万年的化石。标尺不够了可以再换一把，利用其他同位素。例如，^{40}K转变成惰性气体^{40}Ar的半衰期是13亿年，完全可以测量生命的历程；^{238}U衰变为^{206}Pb的半衰期是45亿年，测量地球的年龄绰绰有余；^{87}Rb β 衰变为^{87}Sr的半衰期为488亿年，理论上可以测量宇宙的年龄，但是很遗憾，宇宙在很长的一段时期内，并不存在这些放射性的重元素，如第1章所介绍的，它们都要等恒星聚变后才能生成。

放射性同位素法不仅用于考古，还有许多其他应用。1952—1963年，美国、苏联在大气圈内引爆了热核武器，导致大气中的^{14}C含量翻了一番。这无意中人为设定了时间的标线。通过对生物体^{14}C的分析，能够精确判断时间，这种方法被广泛应用于法医探案、古董鉴定、动物保护中。例如，2020年，科学家使用原子弹年代测定法揭示了鲸鲨的真实年龄，而非用传统的看体长的方式去粗略推断[6]。

放射性同位素法不仅可以完成独特的科研任务，与大家的日常生活也息息相关。中国科学家使用锶同位素判断出了大闸蟹的真实产地，识破了用"洗澡蟹"冒充阳澄湖大闸蟹等市场欺诈行为。大闸蟹的锶同位素特征与产地水源相似，不受外来饲料影响。短期"洗澡"和进食改变不了蟹壳中的锶同位素特征[7]。

还原案情

工欲善其事必先利其器，只有掌握了坚实的基本知识，才能做出符合逻辑的推断。侦探们除了对证据要充分掌握，也要具备合理的想象力。接下来我们将解读本章开头给出的3个化石"案件"，从中可以看到古生物学家们是多么富有想象力，从而理解为何化石可以作为进化证据。

● 案件1: 奇虾

图3-7中的化石看起来像什么？隐隐约约能看到两个弯曲的大夹子、两只巨大的眼睛以及细长的身体，该造型显然与地球上现存的任何生物都不太

深思 3-3

仅凭化石证据，能够复原古生物的样貌和生活状态吗？还能从哪些方面去推论生物的样貌呢？

一样，有点像孩童涂鸦中的外星生物。无须抱怨化石看不清晰，至少我们拿到的是一块完整的化石，最初发现这类化石的科学家们可就没有这么幸运了。1892年发现的第一件该生物化石标本只是身体残部。加拿大古生物学家惠特魏将其描述为类似虾的节肢动物躯体，因此命名为"奇怪的虾"——奇虾（*Anomalocaris*）。后来越来越多的奇虾化石碎片被发现，考古学家们运用卓越的推理技能给奇虾画像：获得了一对大夹子化石的科学家自然而然觉得这是某种蟹类的前螯，因此把它命名为一种蟹类；而获得后半段细长身体的科学家，观察到化石具有一个环状构造，中心的开口被32个骨片围绕，因此认为是水母类生物体。科学家们都是高明的侦探，但是苦于没有完美的证据，就这样他们发挥了盲人摸象的主观能动性，每个研究者用奇虾身

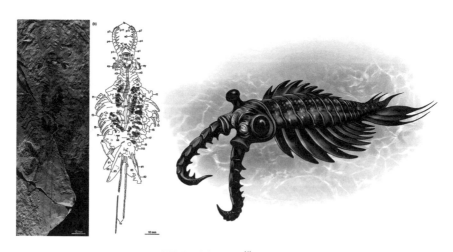

图3-7 奇虾的化石[1]及复原图

体的一部分，将其命名为多种截然不同的生命。奇虾身份的尴尬直到20世纪90年代才得以化解。当时中国科学家在云南澄江动物化石群发现了三块完整的奇虾化石，科学家们至此才终于不再管中窥豹，见识到了奇虾的真容，也确认了史前确实存在着宛如外星来客的生物。虽然不是真正的虾，但奇虾的名字提醒着我们，完整化石证据有多么重要! [1]

博　闻

　　奇虾是已知最庞大的寒武纪动物。
　　奇虾最初在加拿大发现，当时只发现一只前爪的化石，被误认为是虾的尾巴。科学家在奇虾粪便化石中发现小型带壳动物的残体，这说明它是寒武纪海洋中的食肉动物，是海洋世界的统治者和食物最终的消费者。奇虾的发现表明，当时海洋确实存在完整的食物链。新的研究发现，奇虾的捕食肢能弯曲，腿能在海底行走，不过它的附肢没有分化，节之间缺少关节。
　　奇虾的食谱可能包括其他的食肉动物。它那么大的身体，那么大的嘴巴，还有那样一对大的捕捉器官，可以捕食当时最大的活物，绝对不会只吃处于食物链最底端的生物，因它爪太粗，抓取微小食物反而不那么容易。

● **案件2：恐龙羽毛**

　　图3-1中第二张图有琥珀特征的橘黄色，而里面包裹的物品经仔细辨认不难发现有微纤维丝绒般的质感，像是某种羽毛。但这并不是鸟类的羽毛，而是恐龙的羽毛。2016年中国科学家从琥珀当中发现了恐龙的羽毛，通过多种技术方法复原了羽毛的精细结构，同时绘制出长羽毛的恐龙的复原图（见图3-8）。人们已经普遍形成了恐龙是鸟类祖先的共识，但是羽毛是否更早出现在恐龙身上却难以想象，毕竟大量恐龙相关的科幻作品甚至是科普书籍，都展现出青灰色皮肤的恐龙，犹如当前蜥蜴的放大版。实际上恐龙很可能披着五彩斑斓的羽毛，恐龙的色彩与鸟类一样丰富。恐龙披上羽毛的原

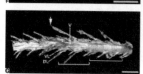

图3-8　琥珀中恐龙的羽毛[2]

博　闻

我国的琥珀产地福建漳浦,是世界上主要的琥珀产地之一。漳浦地区的琥珀形成于距今2000万年前的中新世时期。由于形成年代相对较短,本身体积较小、材质较软,树脂来源于龙脑香料植物,所以颜色较深,杂质稍多。因此无法达到珠宝和大科研价值,大多只能用于医药或标本制作。但是其好处是普通人有机会接触到,并且可在里面淘出宝贝。

因,有可能仅仅是为了保暖,但也不排除像鸟类求偶一样,通过颜色在性选择中占据优势。而覆盖在前肢上的羽毛可以增加空气阻力,因此覆盖羽毛的小型恐龙在树间跳跃时,羽毛有助于恐龙滑翔。在此基础上,那些主动挥舞前肢的恐龙甚至可以飞得更远更高,羽毛因此在飞翔中扮演了至关重要的角色[2]。

有趣的是,这位研究琥珀中恐龙羽毛的科学家及其团队,购买了大量琥珀进行研究,已经取得了一系列研究成果。2017年,他们报告在长约7厘米的琥珀中发现了一只白垩纪的反鸟类[8]。"反鸟"一名得来的最主要依据是组成肩带骨骼的关节组合与现代鸟类相比,其凸凹情况正好相反。2018年,他们在琥珀里发现了所谓的"煎饼鸟"[9]。2020年,他们在缅甸琥珀中发现了一件不到2厘米的头骨,并将该头骨鉴定为鸟类,而且是一个全新的物种,他们将这个新物种命名为"眼齿鸟"

（*Oculudentavis*）。因为鸟类是由恐龙的一个支系演化而来，所以广义的恐龙包括鸟类。这可以认为是缅甸白垩纪时期蜂鸟大小的恐龙[10]。

● **案件3：双重谋杀**

你能从图3-9中看到几个动物？它们各自是什么关系？是不是很明显能看到一条大鱼，似乎它的嘴中叼着一只会飞的"鸟"，如果放大图片的话，你会在那只"鸟"的食道中看到另外一条小鱼。3只动物混在一起，你能推测出当时在电光石火之间发生了什么事情吗？图片中的大鱼叫作针吻鱼，而"鸟"其实是爬行动物喙嘴翼龙。仔细观察，喙嘴翼龙的食道中还有小鱼的尸体。科学家还原的故事是：翼龙在海面上刚刚捕获了小鱼，在即将吞入腹中时，水中潜伏的针吻鱼一跃而起，咬住了这只翼龙，但是从化石上来看似乎这条针吻鱼的嘴巴并不是咬着喙嘴翼龙的骨骼，而是在翼膜的位置。这只喙嘴翼龙除了被咬到的那只翅膀上支撑翼膜的指节有部分分离外，其他身体部分都是完整相连的。极有可能是针吻鱼被翼膜上的纤维困住了，即使大力晃动头部把翼龙的指节弄断了，但翼膜却还连接在一起，最终一起沉入水中[3]。鱼类捕食鸟类并非稀有，现今珍鲹鱼就可以潜伏在水中捕食水面上的海鸟。这可真称得上"螳螂捕蝉，黄雀在后"。

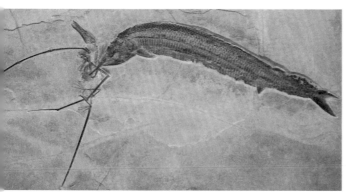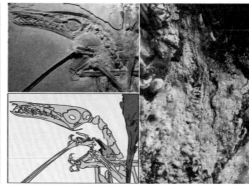

图3-9　多只古生物捕食场景的化石[3]

79

到此，我们不仅能够解读证物（定义化石并列举其分类），还可以推断时间，描述化石的形成机理，应用这些知识还原案情——根据化石证据解读远古时期发生的事件。现在恭喜你，已经踏入了化石侦探的大门！

解读化石故事不仅需要想象，还需要大量的专业知识，当解读新化石的新形态时，需要"有一分证据说一分话"，谨慎地进行比较鉴别，尽可能全面地考虑各种可能性，这样才能给出更具说服力的故事！

对美好生活的向往：生物发展

地层如书，化石如字。一片片的岩层犹如一页页的纸张，而在纸张上的文字，则是岩层中的化石。想读懂生物远古的故事，必须能解读文字的含义。这就是我们要学习化石知识的原因。它带来的不单单是一个个有趣的小故事，所有这些故事串联到一起，人们才能得悉宏大的生物演化全景。

地质年代

科学家根据地层的特点将地球的历史划分了不同的地质年代，按照层级由高到低分别为"宙、代、纪、世、期"，如恐龙盛行的时间为显生宙中生代侏罗纪。而哺乳动物兴盛于显生宙新生代第三纪始新世。划分的标准是什么呢？主要是根据生命的演化而进行划分的。

● 年代的划分

从46亿年前地球形成到大约40亿年前生命出现，地球经历过满是岩浆的"大轰炸"阶段、地壳刚刚冷却的荒芜阶段，以及海洋形成的蓝色地球阶段。地球的画面感就是冥王哈迪斯（Hades）的地府，充满了炽热的火焰，没有一丝生机，因此称这个时期为**冥古宙**（Hadean Eon）。

冥古宙结束的标志就是生命的形成，最初出现的生命是蓝藻（或称蓝细菌），它们借助阳光日以继"日"地进行着光合作用，将氧气释放出来。海洋中的氧气释放使海水中大量的二价铁离子变成三价铁离子，导致这一阶段整个地球的海洋是血红色的。伴随着海水中氧化过程的结束，氧气有机会进入大气中，大气中的氧气含量开始升高，25亿年前以甲烷为主的还原性大气转变为氧化性大气，称为"大氧化事件"。40亿年前到25亿年前称为**太古宙**（Archean Eon）。

氧气的出现使生命能够有足够的能量执行更为复杂的功能，生命由原核生物向真核生物演化，从单细胞原生动物到多细胞后生动物演化。但是光合作用消耗了温室气体二氧化碳和甲烷,令地球经历了雪球地球时期,彼时整个地球都被厚厚的冰层所覆盖,就连赤道处也有近1千米的冰层,因此生命演化大受打击。而生命的活力终究突破了环境的限制,忽如一夜春风来,在5.4亿年前发生了著名的寒武纪大爆发,大量物种突然出现,成为这一时期结束的重要标志。25亿年前到5.4亿年前称为**元古宙**(Proterozoic Eon),词根proter-有原始之意,此时的生命依然较为简单。

寒武纪大爆发,生命演化显著加速,生命世界变得越来越丰富多彩。我们熟识的多种生物纷纷登上历史舞台。从图3-10中可以看到不同物种生物的存在时间(外圆彩色弧线)。这是地质时期最后一个宙——**显生宙**(Phanerozoic Eon),开始于5.4亿年前,直到现在。显生宙生命繁多,因此可以根据生物的演化继续分层。

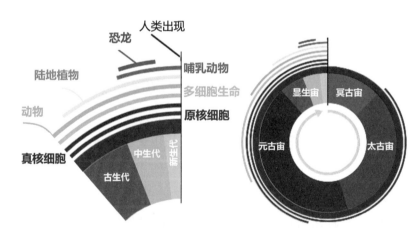

图3-10　地质年代划分及各种生物出现的时间线

显生宙的古生代(Paleozoic Era)包含寒武纪(5.4亿～4.9亿年前,多细胞动物爆发式出现)、奥陶纪(4.9亿～4.4亿年前,出现最早的鱼类)、志留纪(4.4亿～4.2亿年前)、泥盆纪(4.2亿～3.6亿年前,出现最早两栖类)、石炭纪(3.6亿～3.0亿年前,出现最早爬行类)、二叠纪(3.0亿～2.5亿年前)。

显生宙的中生代（Mesozoic Era）是恐龙生活的时代，包含三叠纪（2.5亿～2.0亿年前，出现最早哺乳类）、侏罗纪（2.0亿～1.4亿年前）、白垩纪（1.4亿～0.7亿年前），恐龙最早出现在三叠纪，灭绝在白垩纪。

显生宙的新生代（Cenozoic Era）包含古近纪（6 600万～2 304万年前）、新近纪（2 304万～258万年前）和第四纪（258万年前至今）。古近纪可分为古新世（有蹄类最原始的代表）、始新世、渐新世；新近纪包含中新世、上新世（猛犸象存活时期）；第四纪包含更新世和全新世（1.2万年前至今，人类已进入现代人阶段）。粗略来看，古生代时出现了鱼类、两栖类和爬行类动物，中生代时爬行类动物为地球的主宰，但哺乳类动物已经出现。新生代就变成哺乳类的世界了。

从整体上看，生命的演化是加速进行的，自生命出现的大约40亿年中，生命以单细胞的形式度过了其中约1/2的时间，元古宙中期，多细胞出现后，依然经过了1/4演化时长生命才开始变得复杂。但是寒武纪大爆发后，生命的演化速度就疯狂加快，只用了1/8的总演化时长，"短时间"内就形成了如此繁多的生物物种。人类社会的演化与之相似，量的积累会加速质的变化，《三体》中描述的"技术爆炸"，不仅仅是文明的特点，也是生命演化的特点，我们也在经历着"生命爆炸"。

● 划分的依据

地质年代的划分依据是生命演化，而对于这些依据的了解也会强化我们对生命演化的深层认知。

冥古宙与太古宙的划分依据是生命的产生。如何从化石证据中找到第一批生命呢？要知道当时的生命必然是以单细胞甚至更小的结构出现。1992年，研究人员发现了可能是地球上最早生命的证据：澳大利业西部海滩上的叠藻岩中包裹着微小纹路，被解读为35亿年前原核生物的踪迹。2015年，科学家们的研究将生命起源的时间提前到了41亿年前[11]。但首先出现的生命就一定能以化石的形式留下痕迹吗？最初的生命一定会具有细胞结构吗？冥古宙与太古宙的分界有可能还会进一步提前，这取决于人们对生命认知的改变。

石炭纪末到二叠纪初可能是地球历史上氧气含量的顶峰时期。大约3亿年前，空气中的氧气含量达到了35%。为何如此之高？石炭纪的名称就能揭示其中的奥妙。石炭纪是煤炭形成的高峰，而煤炭是古代陆生植物茎秆埋在地下，经历复杂的生物化学作用后逐渐形成的。巨量的煤炭证明了石炭纪陆生植物大量生长的事实，从而助推了大气中氧气含量的上升。

石炭纪还包含着另外一个有趣的事实，为我们现今面临的难题给出了解决思路。煤炭的形成主要依靠陆生植物的茎秆，而构成茎秆的主要成分是木质纤维素，其包含纤维素、半纤维素和木质素，结构非常致密，在自然界中难以降解。实际上石炭纪之前的木质纤维素可以说是"无敌"的，没有生物能够分解植物的茎秆，因此植物的"死尸"可以长时间地保存，有机会被大量埋入地下，形成了煤炭。

木质纤维素因此和当今的白色垃圾塑料很相似——在自然界中难以快速降解掉，成为当时自然界中的绿色"垃圾"。但自然界总能找到解决方案，霉菌和蘑菇的出现解决了木质纤维素难以降解的问题，它们能够"吃掉"死去的植物。木质纤维素中的纤维素是由葡萄糖聚合形成的，而葡萄糖是众多微生物深爱的碳源和能量物质。约在2.9亿年前，能破坏木质素的"白腐菌"祖先出现了，它产生的漆酶、纤维素酶等可以将木质纤维素分解掉，此后死亡的树木也可以在短期内被微生物降解掉，这或许是煤炭沉积率在进入二叠纪后降低的主要原因。类似地，在面对当今白色垃圾塑料降解问题时，我们也可以求助于自然界中的微生物，通过其分泌的特殊降解酶降解塑料制品。当然，人为合成的塑料内部分子键复杂多样，单纯靠自然演化获得降解菌和降解酶所需的时间漫长。但基于新的生物技术，科学家们已经筛选到一些可以利用塑料为唯一食物的微生物，在此基础上对起作用的酶进行人工改造，从无到有地设计全新的塑料降解酶及产酶微生物。这一领域的研究现在正在如火如荼地开展着。

生物界系统

● 生物界的演化

植物演化经历了藻类植物、苔藓植物、蕨类植物、裸子植物、被子植物的历程。前寒武纪（寒武纪之前的时期）至泥盆纪的4亿年间，植物以藻类为主。多细胞藻类约出现在9亿～7亿年前。蓝藻在浅海演化为绿藻、轮藻等单细胞藻类，在深海演化为褐藻、红藻等多细胞藻类。泥盆纪出现了苔藓，是植物从水生向陆生过渡的阶段。关于苔藓的起源有两种看法：一种认为其起源于藻类，另一种认为苔藓植物由裸蕨（*Psilophyton*）退化而来。裸蕨类出现于志留纪，而苔藓植物出现于泥盆纪中期，要比裸蕨晚数千万年。在志留纪，裸蕨是最先登陆成功的植物。植物体已有真正的根、茎、叶和维管组织的分化，已属维管植物的范畴。其主要靠孢子进行繁殖，仍属孢子植物。裸蕨的生活史中有明显的世代交替现象，孢子体世代占优势。泥盆纪中晚期出现了最早的裸子植物。白垩纪（1亿年前）出现了被子植物，它是植物界中最高等的类群，对陆生生活有更强的适应能力。

动物的演化大体经历了原生动物、多细胞非脊索动物、脊索动物3大阶段。原生动物都是由单细胞构成的，包含鞭毛纲、肉足纲（阿米巴虫）、纤毛纲、孢子纲（疟原虫）。多细胞非脊索动物包括海绵动物（起源于寒武纪）、刺胞动物（水母）、扁形动物（涡虫、吸虫、绦虫）、软体动物（动物界中的第二大门类）、环节动物（高等无脊椎动物的开始）、节肢动物（昆虫）、棘皮动物（海星、海胆、海参）。脊索动物分为尾索动物（海鞘）和头索动物（文昌鱼），头索动物进化为鱼类，鱼类中的硬骨鱼进化为两栖类（鱼头螈），进一步进化为爬行类（蜥螈），爬行动物杯龙类在后续以个不同的路径进化为鱼龙、蛇颈龙、兽孔目（哺乳动物祖先）及槽齿目（鳄、翼龙、恐龙）。经常见到将翼龙、鱼龙等生物称为恐龙，这是错误的理解。电影《变形金刚》中有个组合叫作"机器

深思 3-4

生物演化由简单到复
杂,你能设想后续的生
物体还能有哪些更为
复杂的变化吗?可以
根据设想设计一些未
来的生物,并讨论其合
理性。思考一些常见的
机械或电子结构有没
有可能出现在生物体
中。比如,生物演化中
为什么没有出现轮子
的结构?

恐龙",成员中混着一只能飞的机器翼龙,这是错误的,应称为"机器爬行类"。

在植物和动物的演化过程中,包含着统一的规律。首先,生命体的结构和功能由简单到复杂,体现出对复杂环境的适应性变化。其次,生物界发展被中间类型所联结,体现出连续变化的过程。再次,登陆是生物进化的转折点,植物在志留纪登陆,动物在泥盆纪登陆,从而为生物的复杂性奠定了基础。最后,在整个演化过程中,生物的变化与地球环境的变化和发展密切相关。

● 分界系统理论

生物可以分为哪几类?小朋友都会毫不犹豫地说出动物和植物,读书较多的小朋友可能还会加上微生物这一分类。然而生物的分类是一项专业而且复杂的工作,学术圈共存着多种分类方法。分类方法的演变,体现出人类对生物认知的演变。可以猜测一下,现在的生物最多有几类,或者用更专业的说法——界(kingdom)。

1735年,瑞典生物学家卡尔·冯·林奈(Carl von Linné, 1707—1778)提出生物界可以分为植物界和动物界(二界说),这一分类与人类的直观感受相符。虽然早在1676年,荷兰人安东尼·菲利普斯·范·列文虎克(Antonie Philips van Leeuwenhoek, 1632—1723)已经用自制的显微镜观察到了微生物,但微生物被认为是微小的动植物。1866年,Hogg和

Haeckel把微生物单独分了出来，成为植物界、动物界和真核原生生物界（三界说），后续生物分类中就有了人类肉眼看不见的微生物的一席之地。1925年，Chatton另辟蹊径，换了一种思考方式，将生物根据细胞胞内形态分为了原核生物界和真核生物界。1938年，Copeland在三界说的基础上，将细菌、古菌等从原核生物界分出来，成为无核原虫界（四界说）。1969年，Whittaker在四界说的基础上，将真菌界从植物界划分出来（五界说）。1977年，Woese等在五界说的基础上，将无核原虫界具体划分为古菌界和细菌界（六界说）。可能是考虑到分界太过复杂，1990年，Woese等又使用Chatton的二界说，提出了三域说，包含真核生物域、原核生物域和古菌域。但其他科学家细分的脚步并不曾停下，1993年，Cavalier-Smith在六界说的基础上，把真核原生生物界一口气分出三个新的界：源真核生物界、原生动物界、色藻界，至此生物分界达到了最多的8个（八界说）。1998年，他修订了自己提出的方案，将源真核生物界和原生动物界合并为原生动物界，将古菌界和细菌界合并为细菌界（六界说）。2015年，Ruggiero等又将细菌界拆分为古菌界和细菌界（七界说）（见图3-11）。

提出学者	Linné	Hogg Haeckel	Chatton	Copeland	Whittaker	Woese等	Woese等	Cavalier-Smith	Cavalier-Smith	Ruggiero等
提出时间/年	1735	1866	1925	1938	1969	1977	1990	1993	1998	2015
界　数	两界	三界	两界	四界	五界	六界	三域	八界	六界	七界
分类情况	未分类	真核原生生物界	原核生物界	无核原虫界	无核原虫界	细菌界	原核生物域	细菌界	细菌界	细菌界
						古菌界	古菌域	古菌界		古菌界
			真核生物界	真核原生生物界	真核原生生物界	真核原生生物界	真核生物域	源真核生物界	原生动物界	原生动物界
								原生动物界		
								色藻界	色藻界	色藻界
	植物界	植物界	植物界	植物界	植物界	植物界		植物界	植物界	植物界
					真菌界	真菌界		真菌界	真菌界	真菌界
	动物界	动物界	动物界	动物界	动物界	动物界		动物界	动物界	动物界

图3-11　生物分界的理论演变

● **进化的实例**

科学家通过化石能够梳理出某种生物演化的详细细节。当然这与化石保存的丰富度有关,并非所有生物都如此幸运。本节中将简要回顾科学家已经研究清楚的马、象和鲸的进化史,体会真实演化对生物外貌的改造作用。

马的进化遵循体形结构由小到大,趾从多趾到单趾的改变。马的祖先是生活在5 000多万年前新生代、第三纪、始新世的始(祖)马(*Hyracotherium Owen=Eohippus Marsh*)体形犹如一只哈士奇,前足4趾着地,后足3趾着地。约1 000万年后,渐新世出现了渐新马(中马)(*Mesohippus Marsh*)。身体变大犹如牧羊犬,前后足均有3趾,中趾明显增大。此时的马依然在森林中生活,较小的体形有利于其在林间穿梭,多趾有利于挖刨等动作,马的祖先像小鹿一样跳跃。约1 000万年后,中新世时出现了中新马(*Merychippus Leidy*),虽然其前后足依然均有3趾,但只有中趾可着地行走,身体进一步增大到驴的大小,更擅长奔跑。因为其已经生活在草原上,食物由嫩叶转为干草。到了上新世初期又出现了上新马(*Pliohippus*),身体进一步增大,前后足中趾更为发达,二、四趾完全退化。更新世出现了真马(*Equus Linnaeus*),与现代马几乎没有差异了。马的演化过程中,外貌的改变较为温和,马的外形整体上并没有发生重大改变,由于需要适应由林间到草原的环境变化,马在强化奔跑上做出了改变。

与马的细枝末节的演化不同,长鼻目大象的演化可谓大张旗鼓。象的祖先是生活在5 000万年前的莫湖兽(*Moeritherium*),通称始祖象,外貌和体形与当今的家猪相似,既没有长鼻子,也没有大牙齿。到了始新世晚期约4 000万年的时候,长鼻类出现了一种真正的庞然大物,即重兽(*Barytherium*),肩高近2米,体重约2吨。重兽自发现以来,一直被看作一种神秘的动物,明显出现了较大的鼻子和较长的牙齿。在2 000万年前由于生活环境变为湿润的沼泽,象的祖先为了从中铲出植物,下巴变得很长,像一个大铲子,因此被命名为铲齿象。生活在200万年前的恐象,鼻子加长,牙齿朝地面生长,这种牙齿称为双脊型的臼齿。10万年前，寒冷地区的猛犸象和温带的剑齿象的体形都很大，现在仅剩非洲象和亚洲象两个属的大象，非洲象是现今最大的陆地生物。象的形貌在5 000万年间发生了翻天覆地的变化，为了适应各种环境而出现多样的变化，如牙齿的长短、朝向、卷曲等，还有下颌的长短、体表毛发等，经过演化，象从其貌不扬的"猪"变成了孔武有力拥有巨齿长鼻的陆地巨兽。

如果大象的进化可以拍摄一部励志剧的话，那鲸的进化可以拍摄一部玄幻剧，我们一起看看鲸是如何"逆天改命"的(见图3-12)。与很多哺乳动物的祖先一样，鲸的祖先长得像一只大老鼠，由于其化石在巴基斯坦发现，故称为巴基斯坦古鲸，简称巴基兽。巴基兽体形如狗，还是偶蹄目，就是与猪、牛一类。但是由于生存所迫，陆上食物难以寻找，而它们的生存地又靠近水，因此巴基兽经常进入水中捕食，这样水陆兼顾的生物现在也有，例如河马和水獭。随着在水中活动的时间增加，巴基兽进化为游走鲸(又称陆行鲸)，它的身体更加具有流线型，趾间也出现了蹼状结构，更有利于在水中游动。游走鲸的化石发现于巴基斯坦附近，游走鲸生活在沼泽和浅水当中。可以想象其生活方式与现在的鳄鱼极为相似。当鲸在水中乐不思蜀时，鲸的外形越来越像鱼类。

巴基兽   蓝鲸

图3-12 鲸的进化

罗德侯鲸(原鲸科)的外形已经显示出海洋生物的特点，适应长时间的水中生活。大概在4 500万～3 600万年前，鲸向海洋生活的量变获得了一次质的飞跃，在龙王鲸阶段，其体形已经能有20米左右了，而且后肢退化得十分短小。与现今的鲸相比，它更为纤长，正如名字所展示的，好似一条龙。当然，以龙王为名也展示了其霸气,因为在当时的水域中,龙王鲸是顶级猎食者,连鲨鱼都是它的盘中餐。然而,龙王鲸有可能并不是现代鲸的直系祖先。现代鲸中一部分并没有牙齿,它们使用由牙齿演化而来的角质鲸须过滤海水,以大量的小型生物,比如浮游动物、磷虾、小鱼为食。这种鲸称为须鲸,包括蓝鲸、长须鲸、小须鲸等。由于并不需要极为耗能的捕猎行为就可以获得大量食物,因此须鲸通常个头很大,最小的也有6米长。而继续使用牙齿的鲸叫作齿鲸,包括抹香鲸、虎鲸、突吻鲸和海豚。经过5 000万年的演化,鲸成了海中的王者,处于食物链的顶端。赋予其王者地位的是它的体形,鲸大多体形巨大,这使得成年鲸几乎无生物敢招惹。而且成年蓝鲸的体形巨大(长30多米),不仅是现今最大的动物,也是有生命出现以来最大的动物。我们常常感叹自己没有机会见识到恐龙那样的庞然大物,殊不知我们正和世界上有史以来的最大动物生活在同一个地球上。此外,鲸的大脑普遍占身体比重较大,因此属于聪明的生物。海豚具有很强的理解力和共情能力,因此在很多场合如表演、军事活动等中被训练为人类的伙伴。因此,我们要珍惜这些物种,不要等它们灭绝后才追悔莫及。

马、象、鲸三种动物的演化时长都是开始于约5 000万年前,由于6 500年前的地质灾难导致恐龙灭绝，哺乳动物告别了地下活动、昼伏夜出的生活方式，外貌也由老鼠的样子变得丰富。恐龙灭绝留下很多接近空白的生态位，逐渐被适应性能更好的哺乳动物所替代。哺乳动物的恒定体温和保暖的皮毛使其走到了恐龙未曾到过的严寒区域，哺乳动物对于幼崽的精心抚育，提高了后代的存活率，使突变更容易保存在种族中，成为适应环境变化的基因储备。当生物准备好了适应，环境就是促使生物变化的主要推手，马演化过程的外形变化最小，是由于从森林到草原的变化对生物适应能力的要求并不高，现在仍有很多生物能够很好地兼顾在森林和草原上生活。但是鲸所处的环境差异巨大，陆生生活改变为海生生活，鲸已经完全与祖先不同了。

马、象、鲸之间的差异巨大，我们很容易区分，但是很多相似的物种到底是同种，还是不同种呢？具体物种是如何形成并且划分的，我们将在下一章中详细道来。

深思 3-6

演化时间太久，毕竟重现亿万年的演化史不是几代人能完成的工作。有什么方法能在短时间内重现演化的规律呢？

前沿瞭望	恐龙蛋和恐龙一样强大吗？可以在微信公众号"生态与演化"中搜索阅读新的研究进展《最早的恐龙是"软蛋"》。

"深思"
提示

▶ 深思 3-1

可以使用透明的树脂等包裹生物样本,很多人造琥珀就是
这样制作的。此外,可把生物样本冻在冰柜中作为不变质"化
石",如同冻在西伯利亚的猛犸象。

▶ 深思 3-2

岩石中有大量的化石。如果认真观察的话能够发现生物
的痕迹,尤其是分布广泛、数量巨大的海洋贝类。此外,我们经
常能在煤炭层发现植物的化石,这也是煤炭来自远古植物的主
要证据。图中央的柱子就是硅化木化石。

▶ 深思 3-3

仅仅凭借化石推断生物的外貌会有很多主观因素混杂其
中,例如之前人们认为恐龙的皮肤是青灰色的。除化石外,还
应以当时的环境情况、生物特性、后代生物、遗传物质和蛋白质
等进行推断。

▶ 深思 3-4

未来生物演化不一定会继续复杂,因为过度复杂并非是生
存优势。最为简单的多细胞生物海绵已经存活了5亿多年。某
些机械和电子结构确实很难通过自然演化而得到,但是演化本
身就有许多可能性,谁说生物一定不能演化出轮子结构?

▶ 深思 3-5

可参阅第5章。

▶ 深思 3-6

演化研究的对象尽可能选生命周期较短的生物,这样就能
够在短时间内看到多次传代,从而快速分析出遗传物质的改变

和环境的选择。因此微生物是最好的研究对象。当然低等多
细胞生物也是科学家喜欢使用的研究演化的对象，如斑马鱼、
涡虫、果蝇等。

参考文献

[1] ZENG H, ZHAO F, ZHU M. Innovatiocaris, a complete radiodont from the early Cambrian Chengjiang Lagerstätte and its implications for the phylogeny of Radiodonta[J]. Journal of the Geological Society, 2022, 180(1).

[2] XING L D, MCKELLAR R C, XU X, et al. A feathered dinosaur tail with primitive plumage trapped in mid-cretaceous amber[J]. Current Biology, 2016, 26(24): 3352–3360.

[3] FREY E, TISCHLINGER H. The late Jurassic pterosaur *Rhamphorhynchus*, a frequent victim of the ganoid fish *Aspidorhynchus*? [J]. PLoS One, 2012, 7(3): e31945.

[4] MEACHEN J, WOOLLER M J, BARST B D, et al. A mummified Pleistocene gray wolf pup[J]. Current Biology, 2020, 30(24): 1467–1468.

[5] ZUMBERGE J A, LOVE G D, CÁRDENAS P, et al. Demosponge steroid biomarker 26-methylstigmastane provides evidence for Neoproterozoic animals[J]. Nature Ecology & Evolution, 2018, 2(11): 1709–1714.

[6] ONG J J L, MEEKAN M G, HSU H H, et al. Annual bands in vertebrae validated by bomb radiocarbon assays provide estimates of age and growth of whale sharks[J]. Frontiers in Marine Science, 2020, 7(188): 81–87.

[7] YIN H M, HUANG F, SHEN J, et al. Using Sr isotopes to trace the geographic origins of Chinese mitten crabs[J]. Acta Geochimica, 2020, 39(3): 326–336.

[8] XING L, O'CONNOR J K, MCKELLAR R C, et al. A mid-Cretaceous enantiornithine（Aves）hatchling preserved in Burmese amber with unusual plumage[J]. Gondwana Research, 2017, 49: 264–277.

[9] XING L, O'CONNOR J K, MCKELLAR R C, et al. A flattened enantiornithine in mid-Cretaceous Burmese amber: morphology and preservation[J]. Science Bulletin, 2018, 63(4): 235–243.

[10] XING L, O'CONNOR J K, SCHMITZ L, et al. Hummingbird-sized dinosaur from the Cretaceous period of Myanmar[J]. Nature, 2020, 579(7798): 245–249.

[11] BELL E A, BOEHNKE P, HARRISON T M, et al. Potentially biogenic carbon preserved in a 4.1 billion-year-old zircon[J]. Proceedings of the National Academy of Sciences, 2015, 112(47): 14518–14521.

第4章

淮南为橘，淮北为枳：
物种形成与隔离

"橘生淮南则为橘，生于淮北则为枳，叶徒相似，其实味不同。所以然者何？水土异也。"当晏婴在楚王面前神情自若地说出这一段解释时，不仅化解了对方的故意刁难，还狠狠地将锅甩回给楚王。楚王尴尬而不失礼貌地笑道："圣人是不能同他开玩笑的，我反而自取其辱了。"这本是展现晏子外交才华的精彩描述，而初学这段的我当时却莫名其妙地产生"晏子怎么可以搞地域歧视"的错觉。实际上我们特别喜欢给不同地区的人们贴标签，比如"内蒙古人爱喝酒""四川人爱吃辣"等认知。实际上地域不仅会带来文化和认知上的差异，假以时日，更会带来生物物种的改变。物种是如何形成的？除地域外还有其他原因吗？物种形成与隔离有什么关系？接下来我们一一探索。

先有鸡还是先有蛋：物种形成

"先有鸡还是先有蛋"作为一个经典的问题，以其首尾嵌套的逻辑令无数人头疼。谁是提出问题的"罪魁祸首"已无从考证，但有记载认为亚里士多德也曾提及，因此这个问题备受关注。生物学家会毫不犹豫地回答"先有蛋"。最早下蛋的生物是羊膜动物雷氏林蜥（*Hylonomus lyelli*），出现在3.15亿年前，而羊膜卵，也就是有坚硬外壳、可以脱离水而孵化的蛋出现在3.4亿年前。而鸡作为被人类驯养的生物大约出现在1万年前，它的上级分类时间会更久：原鸡属出现在2 000万年前，雉科出现在4 500万年前，鸡形目出现在8 500万年前，鸟类出现在1.6亿年前。显而易见，蛋的出现时间远远早于鸡的出现时间，毕竟并不是只有鸟类才会生蛋。这就是经典问题的答案？当然不是，问题中的蛋当然是指鸡蛋！本想偷换概念用不到500字将问题解答，现在需要用上万字来说明了（见图4-1）。

图4-1　先有鸡还是先有蛋的快速解答

什么是物种

当我们不得不认真讨论"先有鸡还是先有鸡蛋"的问题时，最好从基本的物种定义开始聊起。物种是由种群组成的生殖单元，与其他单元存在生殖隔离，在自然界占有生境地位，在宗线谱上代表着一定的分支。按照上一章生物的分类，我们可以将所有生命分为3个域（domain）或者最多8个界（kingdom），在界之下的层级分别为门（phylum）、纲（class）、目（order）、科（family）、属（genus）、种（species）。最小的分类物种（种）既是进化单位，又是生态系统的功能单位。每一个分类还有"亚"类的存在，属、种、亚属、亚种的名称使用斜体拉丁名表示。

物种是生物分类学的基本单位。物种是互交繁殖的相同生物形成的自然群体，与其他相似群体在生殖上相互隔离，并在自然界占据一定的生态位。物种强调个体间能交配并产生可育的后代。一个物种可以有多个种群。

● 物种的数量

获得物种数量的方法与想知道本书有多少字一样，有两种：第一种最为直接——数一数，虽然比较浪费时间，但可以得到精确的字数。同样，翻开权威的物种文献，看看里面收录了多少生物，也能较为精确地获得物种数量。但是世界上的物种并没有全部被收录到文献中，也不可能通过人力去找到每一个物种。姑且不说数不胜数的单细胞微生物，就是多细胞生物也有很多藏在深海、地下、岩洞等人迹罕至之处，甚至还有很多生物在人类发现它们前就灭绝了。第二种方法就是估算了，我们数一页有多少字，用几页的平均值作为近似值，再乘以页数就是总字数。这样估算的字数与实际字数肯定有差别，但大体上不会差太多，很多场合下是可接受的。同样，生物物种的数量既然不可能精确得到，那么有说服力的估算方法就是科学家奋斗的目标。

1992年，E. O. Wilson认为现在的物种有200万到1亿种，因为已经记录的有200万种，其中昆虫最多，是75.1万种，其他动物有28.1万种，高等植物有24.84万种，真菌有6.9万种，真核单细胞有机体有3.08万种，藻类有2.69万种，细菌有0.48万种,病毒有0.1万种。

几十年过去了,随着人类的发现,这些数据肯定已经大不相同了。而且随着基因测序技术的快速发展,对于微生物的发现速度突飞猛进。举个简单的例子,如果你想发现新的微生物,可以随便在野外抓一把土,测量其中所有微生物的宏基因组(metagenome),很大可能会发现已有数据库中不存在的新菌株的特征片段,意味着你有可能发现了新的物种!

2011年,生物学家的评估报告称,预计地球上物种数量大约是870万种,真实数据为740万～1 000万种。科学家利用物种分类的层级特征这种巧妙的方式进行了估算。从门往下直到物种,每一层级的数量都会增加,呈现金字塔的形状(见图4-2)。而除了"种"的数量,其余的分级数量都可以较精确地得到。通过对其他各分级做一条拟合曲线,再将此曲线外延至物种处,就能得到物种的估算数量[1]。根据他们的结论,对比已经发现的

博 闻

物种
species

可以交配并繁衍后代的一群个体,是分类的基本单元。

种群
population

占据特定时空的同种个体的总和,是进化的基本单位。

群落
community

特定时间内同一区域的各种生物种群的集合。

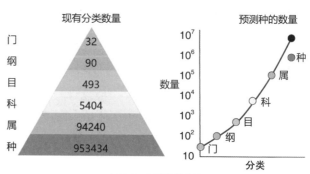

图4-2 物种数据估计

生物物种数量，可以看到已发现真菌的数量仅为预测真菌数量的1/14，而动物的数量也大大地低估了，仅为可能数量的1/8，而已发现的植物的数量与预测的较为接近。植物的位置较为固定，更容易被人类发现和记录。

2016年，科学家使用比例定律预测了生物的物种，重点关注了微生物的数量。根据全世界3.5万个地点的细菌、古菌和微小真菌的20 376项调查获得的数据，微生物总数预估量级为$10^{11} \sim 10^{12}$。预测的方法与上述方法类似，先是通过实验获得人类肠道、牛的瘤胃、全球海洋等小同规模微生物物种数量与宏基因组测量数据间的关系，再将此关系外延至全球，推算出最终的结果[2]。

这么庞大的数量，如果让一个人每秒钟记录一种微生物，废寝忘食也需要3 000～30 000年的时间来完成。因此通过传统的菌种鉴定方法去发现如此数量庞大的微生物物种，几乎是不可能的。地球上到底有多少物种？不同的估算方法会给出不同的数量，没有标准答案。现在的研究策略是：一方面，在特定条件下筛选菌株，挑选具有特殊功能的微生物为人类所用；另一方面，通过研究微生物群落而非具体微生物，如肠道微生物、共生微生物、沼气发酵微生物等，以整体的视角去解决具体问题。

研究物种数量面临的挑战除了物种数量繁多、物种产生灭绝过程动态变化等，鉴定物种的标准也

深思 4-1

回顾生命诞生之初，地球上的物种可能仅有寥寥数个，而如今是百花齐放、万紫千红的世界，物种经历了由少到多的阶段。试想，未来的物种数量会变得更多还是更少呢？请说出你的理由。

是难点。飞禽和走兽的差异是"门"级别的差异,足够明显,但是相邻物种间的区别就需要专业知识的判断,不仅很多的物种划分仍存在争议,而且有些专业的结论与人们的日常认知相差较远。因此想要愉快地交流,大家需要学习如何区分不同的物种,理解生物学家划分物种的依据。

● **物种的标准**

最基本的标准是形态学标准,其来源于传统的观察法。因为"看脸"是生物的本能。当将老虎、狮子和熊的图片放在小朋友的面前时,孩子们都会毫不犹豫地将老虎和狮子归为一类,主要原因是它们长相相近。传统分类学家认为每个物种都有理想的形式,具有这个种的全部特征。不管是东北虎、华南虎、苏门答腊虎,还是传统文化如武松打虎、虎跃龙骧、照猫画虎中描述的"虎",它们的特征都大同小异。因此,这些都属于虎种下属的各亚种。狮子也是如此,哪怕博物馆中复原的狮子很滑稽,人们也能一眼认出它是狮子而非老虎(见图4-3)。

图4-3 真实狮子与上海自然博物馆的网红狮子的对比

但形态学标准随着物种发现量的增多而面临越来越大的压力。不像哺乳动物外形差异较大,很多低等动物看起来相似,需要专业的知识才能判断。且不说数量庞大的昆虫,仅是包含青蛙和蟾蜍的无尾目(Anura)就有约4 800个记录，占两栖纲的85%，是5个多样性最高的脊椎动物目之一。要使用观察法区分开4 800个形态各异的青蛙和蟾蜍，这堪比地狱级难度的"找不同"游戏。"看脸"的方法容易受观察者主观判断的影响，青蛙的颜色是深绿还是浅绿，声音洪亮还是低沉，都是仁者见仁、智者见智的。此外，生物在不同生长发育阶段也会出现多样的外观，而某些基因的小变异也会引起生物外形的大改变，例如白化的生物虽然外观差异显著，但是不能作为新的物种。这些因素都使得形态学标准变得复杂。

应用形态学标准进行物种划分的门槛低，孩童即可理解使用，但是达到高级层次则需要丰富的专业知识和经验积累。正是由于其重点在于"看脸"，因此关注"内涵"的标准更为重要。遗传学标准关注的就是生物的"内涵"——遗传物质，通过分析遗传物质的差异性，可以免受形态的影响。科学家认为物种为互交繁殖的群体，共有基因库。生殖隔离是识别物种最重要的标准，比如马和驴之所以被分为两个物种，是因为存在生殖隔离。其体现在就算它们可以通过交配生下骡子，但是骡子是不可以继续繁殖的。生殖隔离是划分物种的金标准。

但是通过实验去验证生殖隔离确实也很难，可以想象让待研究的不同物种去交配的工作量有多大。如果严格设计实验，考察 N 个物种间存在生殖隔离的关系，实验数量为 $C_N^2 = N(N-1)/2$（个）。科学家还采用了其他标准去便捷地实现物种划分。除了生物本身的外貌、行为、遗传物质，生物生存的外部环境也可以作为判断物种的标准。地理学标准将物种的地理分布作为区分物种的标准。如亚洲象和非洲象经过长时间的地理隔离，自然而然可认为是不同的物种。而澳大利亚的有袋类与亚欧大陆上的哺乳类也由于地理分隔产生差异。但并不是只有地理才能带来差异，按照生态学标准，同一地域不同的生态位也可以带来物种的差异，比如寄生在人类身体上的虱子，在头发、腋毛等处有不同的物种。它们在同一个人身上，分别占据了不同的生态位，每个生态位

都有独特的微环境，从而带来了物种差异。新的生态位的形成，意味着种的分化和新种的形成。每个物种在生态系统中都处于其所能达到的最佳适应状态。

● **物种的认知**

生物学家应用上述的4个标准去判断物种，而大部分人喜欢使用最符合直觉的形态学标准。这一标准能够帮助我们快速、简便地认识生物。但是也总会带来许多误解。

2012年，一则有趣的新闻充满了反转，山东枣庄惊现狼袭击人事件，当地政府组织将狼擒获，后有市民报案称这只狼是他家走失的宠物犬哈士奇。很多吃瓜群众戏谑工作人员们甚至专家们都不能区分狼和狗，狗那么可爱乖巧，而狼则凶残可怖，不是很好区分吗？对应本章的内容，这是一个"狼和狗是同一个物种吗"的问题。狗的品种多种多样（见图4-4），体形大的藏獒、金毛、大丹犬等站起来比人都高，体形小的贵宾犬、吉娃娃、比熊犬和博美犬等比猫都小。如果按照形态学标准似乎可以将它们划分为不同的物种。但只要简单检索就能看到，狗是犬科犬属灰狼种。这代表狼和狗是不存在生殖隔离的。狗是在约1万年前被人驯化的狼，虽然在人类定向筛选的强力干预下，外貌发生了很多变化，但究其遗传本质而言，并没有与狼拉开差距，没有独立形成新的物种。

图4-4　形态多样的狗和狼

换一个角度去理解狼和狗的关系。我所在的高校由于校园"广袤"，并且拥有大片原生态的自然环境，不仅生活着大量野生动物，还有弃养的流浪猫狗。这些曾经温顺的宠物们在野外逐渐形成了"帮派"，有些还对人类具有攻击性，以至于学校保卫处和爱猫狗协会不得不将它们登记备案，有表现"恶劣"的则运到郊外荒野处放生。在人类历史上发生大饥荒的时代，饥饿的流浪狗甚至会以饿殍为食，它们与狼有何不同？ 无论是被驯化，还是野性回归，都是生存环境的变化导致的，但这种仅在一代内就发生的变化，显然不能归因于遗传物质的改变。因此狗与狼的区别，从某种角度上看更含有社会学的意味，用两个等式就能说明：狗＝家狼，狼＝野狗。

我们对身边动物的误解还不少，既然狗是从狼驯化而来，依然属于"狼族血统"，那么家兔是从野兔驯化而来的吗？ 野兔属于兔科、兔属；家兔属于兔科、穴兔属。它们不仅不是一个种，甚至都不是一个属的生物。图4-5中的家兔和野兔的样子的确很像，但是认真观察的话，是能看出不同的。野兔有健壮的后肢，善于奔跑；而家兔身体浑圆，它的技能是打洞（属名暴露了它的特长）。如果回顾中国的成语，我们会发现，虽然都是兔，但依然能清晰地辨别具体的兔种。守株待兔中是哪种兔？ 跑得飞快能将自己撞到折颈而死的必然是

深思 4-2

不同的犬品种乃至狼，虽然它们之间并不存在生殖隔离，但我们仍然有科学手段从基因上区分。请查阅资料，了解基因测序与基因比对技术，并思考不同品种的犬的基因差异，最有可能是哪些功能的基因？

野兔（hare）
兔科，兔属（*Lepus*）

家兔（rabbit）
兔科，穴兔属（*Oryctolagus*）

图4-5　野兔与家兔完全不同种

大长腿的野兔。狡兔三窟中是哪种兔？善于挖掘并准备很多洞的必然是圆滚滚的家兔。野兔是中国土生土长的物种，而家兔则是由汉代张骞出使西域带回来的外来种，因此在战国法家韩非创作的《韩非子·五蠹》中的"守株待兔"，描述的也只能是野兔。而西汉刘向编订的国别体史书《战国策》中的"狡兔三窟"，也符合家兔进入中国的历史背景。

美食爱好者们可能会感兴趣，四川名菜"麻辣兔头"用的是哪种兔子？这个答案也比较容易，只能是家兔。因为在我国分布的野兔均为保护动物，其中塔里木兔、海南兔和雪兔是国家二级保护动物，捕杀它们会受到我国刑法处罚；而东北兔、云南兔、华南兔、高丽兔、灰尾兔、中亚兔、蒙古兔在国家"三有保护动物"的行列中，捕杀20只以上即为犯罪。

物种是如何组织的

● 结构层级

如何管理好成千上万的物种？通过制定层级结构就能分门别类、按图索骥找到感兴趣的物种了。因此有了域、界、门、纲、目、科、属、种的生物学分类法。而在生态学的研究中，为了研究不同层级的生物，会使用"个体、种群、群落、生态系统"由小到大的层级结构。两个系统中出现了表达相近的词语"种"和"种群"。"种"全称"**物种**"（species）是生物分类学的基本单位。**种群**（population）指在一定时间内占据一定空间的同种生物的所有个体。物种本身没有量的概念，它就像标签一样。而种群则是数量大于1的多个个体的集合。例如，教室里的每位学生都是"智人"这个种的生物，教室里的所有学生构成了一个种群。种群是物种的基本结构单元，也是进化的基本单位，同一种群的生物拥有一个基因库。

种群之所以能有所区分，就在于空间的不连续性，但这种不连续性也是会被打破的。例如我国春秋早期，被分封的诸侯国有大大小小上百个，每个诸侯国的人们就相当于一个种群，拥有自己的地盘。但是诸侯国间的贸易、战争等使得种群之间依然能保持遗传上的交流，维持人这个物种特性不变。相反，如果种群间的不连续状态始终保持，缺少了物种间的基因交流，由于环境差异带来的变异就会积累，当差异大到一定程度时就会产生亚种。**亚种**是种内个体在地理和生态上充分隔离之后所形成的群体。注意亚种间是可以进行交配的，不存在生殖隔离。但当差异进一步增大，亚种间出现了生殖隔离，则代表新物种出现了。现在的人类虽然皮肤颜色不同，但差异仍没有大到产生新亚种的地步。但是如果真如某些漫画作品中的设定：人类被墙壁保护一百多年，与外界没有交流，有可能产生新的亚种。如果这样的隔离状态长时间维持（以10万年计），则很有可能发生生殖隔离，形成新的人类种。

亚种是低于种的分类，而**姐妹种**则用于描述几种相近的物种，这些物种间在外部形态上极为相似,但相互间又有完善的生殖隔离。外貌形态相似代表着其生活环境相似或者干脆就生活在一起,但早期的进化已经让它们产生了完善的生殖隔离。这种现象在宏观演化中称为"趋同"进化。然而按照传统的形态学标准分类,完全无法区分它们。如五斑按蚊(*Anopheles maculipennis*)实际上是6种不同姐妹种的集合体。

对昆虫、甲壳类、鱼类、两栖类、爬行类和哺乳类的很多蛋白质的比较研究发现,当两个个体、两个种群、两个亚种和两个物种进行比较时,遗传差别规律性地逐渐增大(见图4-6)。

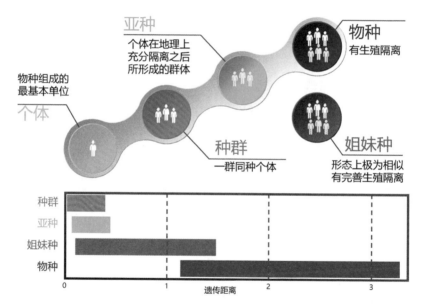

图4-6 物种的结构层级和各等级单元的遗传距离

● 鸡与鸡蛋的讨论

在前面关于物种的大段铺垫后,我们终于又可以讨论亚里士多德提及的问题了,答案也可以从他自己的论著中找到。他在《逻辑学》中提出过一个著名的三段论:"所有的人都会死,苏格拉底是人,所以苏格拉底必定会死。"这是演绎法正确的范例。但是类似的说法"人已经存在几百万年了，而你没有存在几百万年，所以你不是人。"大家看出来问题出现在哪里吗？该说法违背了演绎法"三段论"中只能有3个概念的原则，第一句中的"人"和第三句的"人"并不是同一个概念。前者指的是人类这个物种，而后者指的是"你"这个个体。因此这样的说法很有迷惑性，但其实是不符合逻辑的，属于诡辩。

　　因此，要想妥善地回答"鸡与蛋"的问题，核心要点是首先确定"鸡"是哪种具体的概念，是指个体？还是物种？如果指的是个体，那么我们可以说先有的鸡蛋。一只鸡从蛋中孵出到死亡，基因是不会发生巨大变化的，更不会出现在其一生中变异成新物种的情况。但这只鸡产的蛋就不一样了，由于鸡是一种有性生殖的生物，那么它的受精卵中的遗传物质有一半已经不是自己的，如果说产生新的物种的可能性，包含新基因的蛋比一生不变的鸡的概率要大很多。蛋孵出的鸡还是那只鸡，鸡生的蛋却已不是那个蛋。一只鸡之前的物种（暂称为"**先鸡**"）来自"**先鸡蛋**"，它生一枚基因和自己不一样的"**鸡蛋**"，从而孵出一只"**鸡**"（见图4-7）。

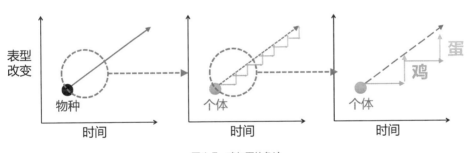

图4-7　鸡与蛋的争论

　　当然，蛋的基因虽然有半数来自父方，但是这些基因也都是鸡物种基因库中的。因此，一个蛋就可以产生新物种听起来也很匪夷所思。除非像超级英雄的故事桥段中被高能宇宙射线辐射过，说不定有可能变成"超鸡""绿巨鸡"或者"蜘蛛鸡"。鸡这个物种的定义是基于众多的个体，这些个体的独特基因库决定了物种的特性。只有这个基因库持续积累基因改变，由量变发生了质变，才有可能产生新的物种。因此，在这个话题中，"鸡"的概念更适合理解为物种。

按照物种去思考鸡和鸡蛋的问题，事情反而变得简单了，在宏大的概念面前，所有的细节变得难以测准，或者并没有测准的必要性。例如，能否指明长江入海口的具体经纬度，很遗憾我们只能模糊地划出上海北边的一片区域，将其称为长江入海口。或者，我们由孩童变得成熟是根据身体的哪个变化进行划分的？是个子超过1.4米需要买成人票，还是稚嫩的童声消退了？所有人都经过这样的变化——那就是不知不觉就长大了。物种的变化也是如此，科学家能给现存的生物分类，但是没有科学家能找出某个具体的个体是两物种变化过程中起决定作用的那个个体，因为这是不存在的。物种的定义是来自对大量个体的整体定义，与单个个体无关。这就说明在由"先鸡"到"鸡"的转变中，"先鸡蛋"经过众多个体从而缓慢变成"鸡蛋"，"先鸡"也同时缓慢变成了"鸡"，无所谓先后，两者是同步进行的。

如果大家对这样的解释仍不满意，下面抛出终极哲学思考，物种真的存在"本质"吗？所有的物种都是在不停演变的，设想能从本质上定义物种本身就是一种机械的哲学观，就像牛顿认为空间就是静止不动、平整的三维空间，形式上是美好的，但远不足以正确认识这个复杂的世界。那关于"鸡和鸡蛋"的讨论就到此为止吧！

呆萌考拉如何生存：隔离与新物种

考拉是大家都喜欢的呆萌生物，当年世界自然基金会（World Wide Fund for Nature）选取标志动物的时候，考拉的呼声也很高，但最终还是我国的大熊猫成功上榜。考拉的"呆"可谓实至名归。首先考拉大脑的质量与体质量的比值偏低，人类是1.6%、猫是0.9%，而考拉只有0.2%。其次，为了避免树上生活的考拉在整日的昏睡中从树上掉下摔成"脑震荡"，考拉大脑中的脑脊液占39%。最后，与我们熟知的充满褶皱的大脑表面不同，考拉的大脑表面居然是光滑的。大脑表面的褶皱代表着更多的神经元数量，而光滑则代表着"脑细胞不够用"。这样"笨笨"的生物如何能跨越岁月得以延续，必然有其特别之处。物种的存在即是合理的。

物种的形成可以分为三步。首先可遗传变异是物种形成的原料，随机突变在群体内积累，在外界条件下使群体分化。其次，选择影响物种形成的方向，随机突变无方向性，需要选择起作用。最后，隔离是物种形成的重要条件，隔离导致遗传物质交流中断，歧化加深，直至新物种的形成。可见，物种形成过程中，隔离是最后且重要的一步。

隔离方式

隔离（reproductive isolation）是指自然界生物间不能自由交配或交配后不能产生正常可育后代的现象。多种原因导致隔离的发生，包括合子前隔离和合子后隔离两大类（见图4-8）。合子前隔离的主要因素是生态及行为等，精子与卵子根本没有机会相遇；而合子后隔离则主要归因于遗传生理等，就算成功形成受精个体，个体也不具备正常的生存能力和繁衍能力，终归导致遗传物质断流。

● 合子前隔离

地理隔离 地域的分隔常常会拆散物种的大家庭。东北虎和华南虎分别

图4-8 隔离的方式

生活在我国的东北地区和华南地区,这两个地区之间的辽阔地带就起到了地理隔离的作用。当然,人类活动也干扰了不同地区虎的基因交流,武松打死的那只虎说不定就是准备去东北"走亲戚",路过山东阳谷被人为中断了。这两个地区的虎经过长期的地理隔离,成为两个不同的虎亚种。地理隔离的效果与时间有关。几千万年前,澳大利亚与大陆分离,像一艘独自远航的巨轮,带着一众生物走自己的路,长达千万年的地理隔离最终形成了与其他大陆截然不同的物种——有袋类。

生态隔离　生存在同一地域内的不同生境的群体所发生的隔离是生态隔离,其在一定程度上表现了地理隔离。简单而言,地理隔离主要是二维平面上的地域差异,而生态隔离除了地理因素外,还有多种其他因素。例如,在同一片森林中,如果仅关注啮齿类生物,就会发现它们处于不同的生态位置。树冠住着可以滑翔的鼯鼠,树叶中藏着松鼠,树荫处住着田鼠,树根底还窝着鼹鼠。在地图中,这些物种占据着相同的经纬度,但是它们充分利用了垂直空间,形成了自己独特的生态位,从而将自己隔离,断绝了与楼上楼下邻居交流的通道。

时间隔离　由于种群交配或植物开花发生在不同的季节,故形成了时间隔离。自然界中很少有像人类这样的物种,繁衍不受时间限制。繁衍后代对个体生存是重大负担，因此自然界的生物会存在繁殖季和发情期。大部分植物也会选择特定时间开花。如果时间上不匹配，合子就没有机会形成。

性别隔离 地理、生态、时间是物种隔离的客观因素，而性别隔离可以称得上是主观因素。性别隔离指的是因不同物种的雌雄性间相互吸引力微弱或缺乏而造成的隔离。通俗而言，就是"相亲"失败。不同物种各自对异性的喜好不同。例如绿头鸭独特的蓝绿变色的头部羽毛对本物种有强烈的吸引力，而对其他种类的鸭子却没有任何吸引力。而类人猿红彤彤的屁股是它们最性感的展示，但对同为灵长类的人类而言，却是十分不雅的外形。

机械隔离 在人工育种时，人类会借助工具打破性别隔离的界限，使不同物种进行交配。但机械隔离却在此时发挥作用，由于生殖器或者花器在形态上的差异而造成隔离，虽有交配的尝试，但无法完成交配的实质。生殖细胞依然没有机会相遇。例如雄鸭的生殖器是螺旋状的，只能与有相同螺旋方向的雌鸭进行交配。

配子隔离 这是由于物种的精子或花粉管不能到达卵子或胚珠内，或者在另一个物种的生殖器中无法存活而产生的隔离。人类的阴道内有免疫细胞，这些免疫细胞可以识别外源细胞进而将其吞噬，外源细胞自然也包含精子。相同物种的精子犹如携带了免死金牌，可以高存活率地到达卵子处。此外，当精子与卵子融合时，卵子也会挑选同物种的精子进入，从而避免产生跨物种的杂交体。

跨物种的精子与卵子相遇可谓是一个历经沧桑、充满坎坷的故事。首先物种个体受限于地域（地理隔离），"君住长江头，我住长江尾，日日思君不见君"；当物种在相同的地域时，但由于处于不同的生态位，导致无法相见（生态隔离），"所谓伊人，在水一方"。而更可悲的是，大家处于相同生态位，但时间却不同步（时间隔离），"君生我未生，我生君已老"。当地点时间刚刚

深思 4-3

突破物种界限，最终结合成新物种是一件非常困难的事。你能举出稳定遗传的杂交物种的例子吗？它是如何诞生的？进一步思考，这些能稳定遗传的杂交新物种更可能是植物还是动物？为什么？

好，但双方已没有相爱的感觉（性别隔离），"落花有意随流水，流水无心恋落花"。当克服了所有艰难险阻，跨物种的精子与卵子在一起了，新的隔离问题又出现了。

● 合子后隔离

隔离的阻力巨大，当两个个体克服了合子前隔离的重重难关后，更残酷的合子后隔离又出现了。

杂种不活　杂种合子不能成活，或者在适应性上比亲本差。不同物种的染色体数量往往不同，因此当具有不同数量染色体的配子相遇时，形成的合子中染色体无法正常配对。我们知道，许多染色体配对的错误都会导致胚胎的死亡，以及严重的遗传疾病。例如人类中的唐氏综合征就是第23号染色体多出一条导致的。因此，就算侥幸形成了合子，能成功发育为成体的难度也很大，大部分杂合胚胎在母体怀孕阶段就会被淘汰掉。

杂种不育　指第一代杂种虽然能够生存，但不能产生具有正常功能的性细胞。这样的事例比较常见，如马和驴杂交生下骡子、虎和狮杂交生下狮虎兽（或虎狮兽），但当骡子的生殖细胞分裂时，不配对的染色体会出现无法被2整除的问题，因此无法形成有繁殖能力的配子。这些杂合体无法繁衍后代。

深思 4-4

人类的存在是会促进还是阻碍新物种的形成？

杂种体败坏　子二代或回交杂种的全部或部分不能存活、适应性低劣，是生殖隔离的最后一道屏障。在植物杂交过程中，一代杂交的物种会出现人类希望的性状，但是很遗憾，这样的性状在进一步繁殖的时候有可能会完全消失，造成杂交工作的失败。但是，如果克服这一步，杂交物种的优良性状能够稳定遗传，这代表着终于胜利打破了隔离的枷锁，获得了新的物种。

隔离机制与遗传物质息息相关。黑猩猩和人类的编码蛋白质的DNA几乎完全相同，非编码的卫星DNA则几乎完全不同。卫星DNA是真核细胞染色体中的重复、非编码序列，主要存在于着丝粒区域，对于联结细胞核内的不同染色体、维持整个基因组的完整具有重要作用。在黑腹果蝇细胞中删除与特定卫星DNA结合的Prod蛋白会导致其死亡，且其染色体会散落到核外。随后，当黑腹果蝇与其近缘种杂交时，产生的后代会很快死亡或不育，且其染色体出现了与上述相同的情况。敲除双亲中与卫星DNA相互作用的基因后，则能培育出健康的杂交果蝇。不同物种的卫星DNA帮助其维持遗传物质完整，这些机制的不兼容可能导致近缘种间也会存在生殖隔离[3]。这种隔离机制使种群有较强的遗传稳定性，以保证在自然选择下各自按着与环境相适应的方向发展。

形成机制

隔离使群体间生殖、变异的连续性出现间断，标志着物种的形成。但是物种是匀速形成的，还是骤变形成的？这个问题很重要吗？物种形成的速度非常重要，如果物种形成时间非常漫长，像地球演变一样漫长，那么对于人类历史而言，很难看到新物种的产生，物种就是相对固定的定义；而如果物种形成飞速的话，在一个人的一生中将有机会见识到大量新物种的生成，这个世界将变得更加有趣和多彩。

● **两种表现形式**

渐进的物种形成方式：一般是由环境因素导致不同群体间的基因交流中断，通过若干中间阶段，最后达到种群间完全的生殖隔离和新物种的形成。

骤变式物种形成方式（量子物种形成）：种群内部分个体由于遗传因素或随机因素（基因突变或遗传漂变）相对快速地获得生殖隔离，并形成新物种。

达尔文在环球旅行中发现了大量渐变的案例，如科隆群岛地雀的喙、化石中大量海洋贝壳的渐变类型。这些发现让达尔文自然而然地倾向于物种进化是按照匀速进行的。虽然在地层中发现的化石常常缺少中间的过渡状态，也很容易以"过渡生物的化石证据还未发现"来解释。匀速演化给出了一个形式上祥和的模型。但地质学研究表明，生物所处的环境并不是缓慢变化的，火山喷发、小天体撞击、超新星爆发等都可以作为"黑天鹅"事件干扰物种的进化节奏。自然选择推动着物种的快速演化，不进化、就灭绝。骤然发生的演化产生了大量新的物种。古尔德（Stephen Jay Gould, 1941—2002）在 1972 年发表的论文中指出：① 进化是渐变与突变、连续与间断的统一；② 由于其他物种偶然闯进边缘并使占支配地位的种群失稳，出现进化性飞跃。骤变进化的几种来源分别为：特殊的遗传机制、染色体畸变、杂交形成新物种、多倍体化形成新物种、随机因素和环境隔离因素、人类活动影响。

● **物种的适应**

世界自然基金会之所以选择大熊猫和考拉作为吉祥物的备选，是因为这两种动物看起来友善，能唤起人类心中对野生动物的关爱之情。但大熊猫在自然界几乎只吃营养价值极差的竹子，考拉吃的桉树叶甚至还有驱虫剂桉油。从生存方面讲，它们似乎并没有什么能拿得出手的技能。那我们不得不问，这些看起来十分孱弱的物种究竟如何经过自然选择的考验而得以生存呢？

我们先看看考拉。考拉的主食桉树叶含有有毒的桉油，并且叶子粗糙没有营养。全世界大概有600种桉树，但是考拉只吃里面的30种。桉树叶难以消化，往往在考拉肚子里需要100多小时的发酵才能利用。这相当于，你周一吃了一个韭菜馅的包子，周四打嗝还会有一股浓郁的韭菜味。缓慢的消化速度造成它们的能量摄入不足，因此考拉生命中的大部分时间都处于睡眠状态。睡着最节省能量，也正是这种慵懒的、人畜无害的行为和外貌，使考拉获得了人类的喜欢。但是，如果人们知道考拉小时候发生了什么的话，好感也许会大打折扣。考拉的食物桉树叶，是需要考拉消化道内的微生物进行降解的，而小考拉出生后并不具备这些共生菌。因此考拉妈妈会从肠道中分泌出绿色的半消化的桉树叶浆，里面富含有益的菌群，小考拉靠舔食妈妈的便便构建起自己的肠道菌群。

请不要嘲笑小考拉，因为人类的幼儿在必要的时候也要通过类似的方式补充肠道内的菌群。"妈咪爱"是用于治疗婴幼儿痢疾的药物，其药品名称为"枯草杆菌二联活菌颗粒"，说明里面有枯草杆

深思 4-6

袋鼠的口袋朝上开，小袋鼠会伸出头看外边的世界。那同为有袋类的考拉口袋朝哪开？提示：小考拉的一项特殊活动决定了口袋朝向。

菌这一微生物,除此之外,名字中的"二联"提供了新的线索,我们惊讶地发现,其成分中的活菌除了包含10%的枯草杆菌外,还有高达90%的屎肠球菌,至于这个菌来自何处,菌的名称已经说得很清楚了。

我们的国宝大熊猫也对粪便表现出了兴趣,不过不是自己的粪便,而是马的粪便。科学家多次观察到野生状态的大熊猫遇见新鲜马粪就走不动路,它们会在马粪中打滚。研究发现,大熊猫更偏爱在空气中暴露时间低于10天的新鲜马粪,天气越冷这种行为越频繁。原来,马粪中的 β-石竹烯(β-caryophyllene,BCP)和氧化石竹烯(caryophyllene oxide,BCPO)可以减少低温的感觉。正如薄荷能通过激活温敏瞬时受体电位通道,给人带来凉爽的感觉,而BCP或BCPO与通道结合后,则会抑制对低温的反应,给大熊猫以温暖的感觉[4]。

现在我们回到最初的那个问题,这些看似孱弱的物种,为什么依然活得很好?因为物种的适应性表现在多个方面,而且表现形式十分多样,并非"更高、更快、更强"的才是最适应的。柔软的海绵存在于地球上已经有5亿多年了,这么漫长的时间中,多少物种你方唱罢我登场,但海绵的形态几乎没有太大的改变。你可以认为海绵进化并不成功,没有出现新的功能和新的结构;你也可以认为海绵是最成功的生物,"出道即巅峰",以不变的身体应对了纷繁的世界。太阳鱼是最大的硬骨鱼,但它几乎没有有效的防御体系,在弱肉强食的海洋中简直就是一座移动的粮仓。虽然从鱼卵到成鱼的概率很低,但太阳鱼的生殖能力惊人,一次产卵就有数十亿颗,靠着巨大的总体数量,再小概率的事件也能发生。

大熊猫的适应一半靠自己,一半靠人类。一方面,自然界中的大熊猫还是继承了祖辈熊的优点,具有令人胆寒的尖牙和力量,我们依然会在大熊猫馆看到"谨防被大熊猫咬伤"的提醒。这些技能保护了大熊猫在自然界的繁衍。另一方面则得益于大熊猫可爱的外形,这打动了当今的地球统治者——

人类，因此大熊猫在这样的自然选择条件下，数量得到了大幅度的提升。

那么考拉呢？呆萌的外形同样也能打动人类对其进行保护，但当人们决定保护考拉之前，考拉是如何自己生存下来的呢？"Koala"源于土著文字，意思是"no drink"（不喝水）。因为考拉从取食的桉树叶中获得所需90%的水分，只在生病和干旱的时候喝水，不用额外去寻找水源，这本身就是生存的加分项。此外，澳大利亚桉树林最容易发生森林火灾。它们含油的落叶与断枝在森林中遍地皆是，提供了易燃的物质条件。桉树白身又是耐火烧的树种，不但适应了那些横扫郊野的大火，有些桉树实际上还欢迎大火的光临，需要火的高温才能繁殖。每当澳大利亚发生大火时，躲在桉树顶端的考拉往往能躲避灾难，当树下一片尸横遍野时，烧伤的考拉们却能够继续繁衍。

在物种的演化过程中，"存在即是合理"是很重要的一个观点，能在冷酷的自然选择压力下存活的物种，其实没有"孱弱"而言，他们所有的表现都是为了适应自己所处的生态位，而且是对特定生态位的最优解。

深思 4-7

大熊猫具有肉食动物的特征，却爱以竹子为食，这是为什么呢？这一结果应该归因于该物种的自然适应还是人类选择的介入？

前沿瞭望

　　每个物种如何起源的可能难以尽数了解，但我们身边的宠物是如何起源的，已经有科学家搞清楚了。可以在微信公众号"生态与演化"中搜索阅读《震惊|天天撸狗的你，还不知道狗的起源？》来了解科学家的研究进展。

"深思"提示

▶ 深思 4-1

　　根据演化的原理，新物种不断产生，旧物种不断灭亡，物种数量在新增与灭绝间达到平衡。因此，未来物种数量变多还是变少都有可能。会反复出现"大爆发"和"集群灭绝"的场景。

▶ 深思 4-2

　　最有可能的是决定狗外貌的那些基因。毕竟人类是个喜欢通过"看脸"来判断的物种。

▶ 深思 4-3

　　例如杂交农作物。这些能稳定遗传的杂交新物种更可能是植物，因为植物可以进行无性繁殖，可以让不配对的遗传物质直接保留下来。

▶ 深思 4-4

　　人类作为自然的选择压力，同样会促进新物种的产生和旧物种的灭绝。

▶ 深思 4-5

　　隔离类型：(1)机械隔离；(2)地理隔离；(3)性别隔离。是否存在合子后隔离：(1)不存在杂种不活；(2)不存在杂种不育。

▶ 深思 4-6

　　考拉的口袋朝下开，方便小考拉探头出去吃考拉妈妈产生的软便。

▶ 深思 4-7

　　大熊猫原本属于食肉目动物，但在约700万年前，可能是因为当时气候变化导致食物资源减少，而竹子却生长茂盛，它们开始逐渐转变为以植物为主食。而竹子分布广泛，且含有大量的纤维素和叶绿素，这些物质可以帮助大熊猫吸收营养。现在的大熊猫的肠道已经不适合消化肉类食物，它们吃竹子的习惯能得以维持也离不开人类喂养和保护的因素。因此这一结果是物种的自然适应和人类介入的共同结果。

参考文献

[1] MORA C, TITTENSOR D P, ADL S, et al. How many species are there on earth and in the ocean? [J]. PLOS Biology, 2011, 9(8): e1001127.

[2] LOCEY K J, LENNON J T. Scaling laws predict global microbial diversity[J]. Proceedings of the National Academy of Sciences, 2016, 113(21): 5970.

[3] JAGANNATHAN M, YAMASHITA Y M. Defective satellite DNA clustering into chromocenters underlies hybrid incompatibility in Drosophila[J]. Molecular Biology and Evolution, 2021, 38(11): 4977-4986.

[4] ZHOU W, YANG S, LI B, et al. Why wild giant pandas frequently roll in horse manure[J]. Proceedings of the National Academy of Sciences, 2020, 117(51): 32493-32498.

第5章

无穷宇宙,太仓一粟:
人类起源与演化

前不见古人,后不见来者。古往今来,人们最常思考的问题就是自身的来源。我女儿三岁的时候就向我发问,"爸爸,我是从哪来的呢?"(见图5-1)对于很多父母而言,这个问题似乎比回答人类的由来更为困难!因此,各个国家在各个时代都发明了诸多有趣的答案。如"你是仙鹤送来的""你是垃圾堆捡来的""你是充话费送来的"……作为专业人士,我没有使用这些离谱的回答搪塞女儿——我采用了注意力转移法,用游戏和美食话题岔开了这个问题。随着女儿的长大,个体从哪来已经不再神秘,而本章我们将认真地讨论人类物种的来源问题。

图5-1 女儿的人类来源问题

脑越大就越聪明吗：人类起源

不那么独特的人

人类经常自信满满地认为自己是大自然的最佳作品，有时甚至觉得我们有可能来自天外，"人类"本天成，妙手偶得之。但随着认识的加深，我们慢慢地摆正了自己的地位——人类只是大自然演化的一个产物而已。

● 人类演化认知

早期受限于认知，人们将一切不能解释的现象归因于超自然的神灵，从而让喜欢探索的大脑稍做休息。自然而然，散落世界各地的文明都拥有了可以自圆其说的神话故事。例如古希腊神话中讲述了普罗米修斯使用泥土创造人，雅典娜赋予泥人灵气的故事；古埃及神话中羊头人身的克奴姆（Khnum）使用泥土塑人，另一女神赫凯特（Heket）让这个陶人变成了活人；中国女娲同样使用泥土造人，并将人变活；《圣经》的故事中上帝在创世第六日用尘土造了人。"神创造了人"这一设定帮助人类祖先逻辑自洽地解决了许多问题，各个文明因此构建起自身神话体系，精彩的剧情至今仍引人入胜。但这些神话也成为宗教束缚人类思维的工具，有关人类起源和宇宙探索等研究变成了宗教的禁忌。

直到1863年，人类对自身起源的正确认识才形成了论著。托马斯·亨利·赫胥黎（Thomas Henry Huxley，1825—1895）撰写了第一本人类进化的书《人类在自然界的位置》（*Evidence as to Man's Place in Nature*）。这本书比他的偶像达尔文关于人类起源的论著还要早，8年后，达尔文的论著《人类起源与性选择》（*The Descent of Man, and Selection in Relation to Sex*）才得以发表。这些著作中描述了人类起源于生物界的多方面证据，虽然当时许多人难以接受人类与其他动物的亲缘关系，但解剖学、胚胎学、古生物学等领域的证据证明了人类与其他动物并无太多的不同之处。

● 动物界的证据

解剖学上人体具有动物的各种典型器官，例如分析哺乳动物的骨骼，可以发现无论是畅游的鲸类、飞翔的蝙蝠，还是高挑的长颈鹿，前肢骨骼分布并无巨大差别，在人体中也能找到相对应的骨骼。人类身体结构并没有任何一处是与其他哺乳动物截然不同的。这或许会让神创论者略感沮丧，因为大多数神话中人都是根据神的样式制作的，如果人不特殊，那么神也就没有特殊之处了。当人们试图寻找人类独有的器官时，却发现了更多人类丢失的器官。大多数哺乳动物都拥有**尾巴**，快速奔跑的捕食者使用尾巴保持运动中的平衡，呆萌的宠物们通过摇尾巴与主人交流，灵长类使用尾巴固定自身不至于从树上摔下来。而这么有用的运动、交流和固定的工具，在人类身上仅残留了象征性的一小点——骨盆最下方稍微后翘的尾椎骨。它不仅平时没有显著的作用，反而在摔倒时成为最容易受伤的骨骼，真的好多余啊！

智齿是人类不再使用的牙齿，当人类头骨把大量空间留给大脑的时候，就注定了牙齿要在口腔里蜗居了。加上人类越来越多地食用熟食和易于咀嚼的食物如淀粉类食物，牙齿面临的磨损压力越来越小，原本二十几岁就可能用坏脱落的磨牙超期服役，赶来替补的智齿却发现"故齿未随年岁去，此处仍有磨牙在"。智齿越是努力长大，就越给主人带来深深的伤痛。图5-2中是10岁的小孩换牙时的X射线照片，可以看到想"出人头地"的新牙们有多努力！

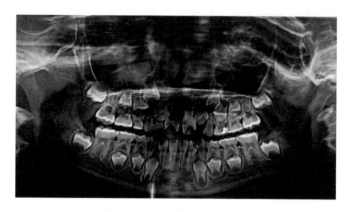

图5-2　10岁儿童牙齿的X射线照片

人体中还有许多保留的痕迹器官。**第三层眼睑**：在人类的眼睛靠鼻子方向的眼角，依稀能看到浅红色的小膜。鸟类和哺乳动物的共同祖先可能有一层隔膜来保护眼睛，清除垃圾。如今人类只在眼睛内眼角保留了一小层。**外生耳肌**：3块专司耳朵活动的肌肉曾经使我们的猿人始祖能像狗和兔子一样自由灵活地控制耳朵，我们至今仍然保留着这些肌肉。**阑尾**：它是连接大肠的一个狭长的小管子。儿童和青年时期，阑尾能提供有免疫活性的淋巴细胞，成年后，这种免疫功能被全身淋巴结、脾脏代替。阑尾黏膜有分泌功能，还可以产生白细胞。**耳洞**：有些人的耳朵前方有个小洞，这个洞的来源十分远古，可能与鱼类的鳃的发育有关。目前通常认为人类耳朵上的小洞是胚胎时期第一鳃裂愈合不完全的结果，可以看作"鱼鳃留给我们的演化残迹"[1]。

胚胎学上人类与其他动物之间显示亲缘关系。我们观察胚胎的发育，就像观看了一遍浓缩版的生物演化历程，人类单细胞的受精卵先是通过有丝分裂，复制出多个一模一样的细胞，二分四，四分八，然后进入桑椹胚期，这些细胞出现了分化，一部分发育成胎儿，一部分发育成胎盘。接着，随着神经管的发育，胎儿脊索动物的形态显现出来了，此时的人就像一条小鱼，随着四肢的发育，胎儿变得像爬行动物，然后人类像蝌蚪一样吸收了尾巴，慢慢地具备了人样。除了人类，几乎所有的脊索动物的胚胎在前期都像一条小鱼，仿佛在致敬自己的祖先（见图5-3）。其实胚胎发育并不是严格重复了生物的演化史，只是生物演化由低等到高等的大趋势与胚胎发育由简单到复杂的趋势是类似的。就像小朋友们可以用积木构建出天安门模型，并不能说小朋友重复出了天安门的建造过程。人类胚胎的发育过程，展现出人类与其他生物间剪不断的亲缘关系。

仿佛是为了声明人类源自动物界，有些潜伏的远古性状会在某些人身上得以重现。例如有些

深思 5-1

人类的哪些器官或身体结构随着进一步演化在未来会消失？哪些器官会有新的结构功能以适应新的环境？

鱼　　火蝾螈　　乌龟　　鸡　　人

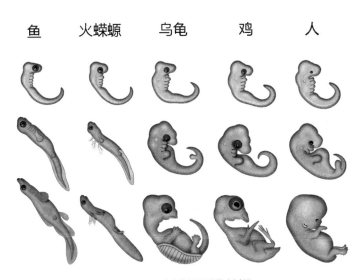

图5-3　几种动物的胚胎发育过程

孩子的尾巴并未被吸收，依然保留下来。有些人的体毛过度茂密，覆盖了身上每一寸皮肤。有些人的耳肌非常发达，能自由控制耳朵的运动。这些都属于"返祖"现象。"返祖"是个不精确的定义，哪些性状的出现属于返祖全凭社会的认知发展。比如白化病患者能否认定为返祖，像之前哺乳动物的祖先一样，久居地下，夜间活动，因此不需要太多黑色素。当然返祖也可以认为是某种基因疾病，控制性状的基因没有在合适的时间进行表达。但在如今，人们对于罕有事物的接纳度很大，因此这些返祖情况并不会惹出太大的关注。

● **与猿类的相似性**

人在动物界的分类是属于动物界、脊索动物门、脊椎动物亚门、哺乳纲、真兽亚纲、灵长目、类人猿亚目、人科、人亚科、人属、智人种。人们常说人类的祖先是猴子，达尔文的反对者也嘲讽达尔文"你能告诉我你的祖先是哪只猴子吗？"显然，提出这种问题是种诡辩方法，达尔文的支持者也可以问神创论者"你的祖先是上帝制造的哪个人？"但是人类的灵长类祖先确实不能称为猴子，猴子和我们的亲缘关系太远了。

在**身体结构**方面，人类与类人猿的关系甚至不需要复杂的分子生物学方法，仅仅观察两者的外貌形态就能辨别一二。如图5-4所示的是一双白皙的手握着一只苍老的长着黑色毛的手。这便是人

深思 5-2

请将下列与智人亲缘关系近的物种进行排序（由近及远）：长臂猿、大猩猩、红毛猩猩、矮黑猩猩、黑猩猩。

图5-4 人类与黑猩猩的手的对比

深思 5-3

观察黑猩猩与你自己的手，能否发现哪根手指最为不同？这个差异导致了什么？又在进化上起到了什么样的关键作用？进一步思考，如果发生意外要断指再植，医生会优先保留哪些手指？

类的手与黑猩猩的手的外貌差异。

令人类引以为豪的与其他陆生哺乳动物不同的是人类的无毛特殊外形。当然也不是完全无毛，除了头部和部分身体部位有毛发覆盖，全身也有短小的绒毛生长。为什么人类的毛发生长较少？学界有众多假说，比较出名的有两种：水猿说和寄生虫说。**水猿说**认为人类祖先曾经在水中生活过，就像鲸的进化一样，由浑身披毛的巴基兽变成了体表光滑的水生生物。人类祖先后来又再次上岸，成为无毛的陆行兽。这个假说未被证实，不像鲸进化过程中有大量过渡生物化石，至今未能找到证明人类曾入水生活的过渡生物化石证据。**寄生虫说**认为浓郁的毛发有利于寄生虫的生长，对人类祖先造成了巨大的生存威胁，因此少毛和无毛的个体更容易获得生存优势。但这个理论带来了更多的疑惑：为什么只有人类惧怕寄生虫？寄生虫对于生物的生存是致命的吗？除此之外，非学术的猜想更加众多,例如在课堂上同学们认为"由于穿衣服摩擦导致体毛的减少。"

最近的研究表明,人类毛发减少与出汗有密切关系。在广袤的大草原上,人类虽然不是奔跑最快的生物,但却是哺乳动物中最具有耐性的生物之一。人类通过不间断地奔跑追逐,可以将速度飞快的瞪羚活活累死。因为动物长时间运动,肌肉产生的大量热量难以快速释放,造成动物体温过热,过载引发动物死亡。而人类则可以通过大量排汗,利用水的蒸发快速带走热量,从而维持长时间高强度运动状态。人类是最爱出汗的灵长类,浑身上下共有200万~500万个汗腺,每人每天最多能产生12升的汗液——相当于大半桶桶装水!

排出的汗液通过蒸发带走体内热量,其首要条件是排汗者具有裸露的体表。请试想,排出的汗液遇到了长长的体毛会是什么状态?体毛不仅会阻碍汗水蒸发,浸湿汗水的毛发还会增加运动负担,使人类出汗的效果大打折扣。科学家发现控制汗腺形成的BMP蛋白和毛囊腺形成的SHH蛋白具有此消彼长的关系。当排汗能力提升的时候,毛发生长就受到抑制。因此最有可能导致人类体毛减少的原因是人类需要排汗[2]。

人类与类人猿的骨骼结构最为相近。骨骼结构决定了运动方式。为什么猿类擅长爬树而人类擅长直立行走呢?科学家通过分析骨骼的受力结

深思 5-4

一些哺乳动物如斯芬克斯猫,身体表面也没有毛发覆盖,那么这种没有毛发覆盖的动物是否排汗量更大?运动时的耐力更强?

深思 5-5

"无毛猿"为什么将头发大量保留下来了?

构给出了容易理解的解释，那就是杠杆原理。事实上我们能看到许多类人猿可以短暂地直立行走，甚至连家里的宠物都可以站立起来讨人欢心。但是，当类人猿站立的时候，它的髋关节、坐骨和大腿后侧肌群几乎在同一条直线上，这意味着大腿后侧肌群拉动的一侧杠杆几乎没有力臂长度了。这样的杠杆是费力杠杆，显然不适合长期站立，而这样的结构反而适合弯下腰来，执行爬树的动作。而人类的祖先为了省力站立，改变了坐骨的位置。最早的人类祖先地猿的化石显示出其坐骨轻微转向背侧，不仅满足爬树的力量需求，也能近似直立行走。而之后的南方古猿的改变更为彻底，坐骨长度变短，并且大幅度转向背侧，为大腿后侧肌群提供了较长的力臂，使得行走这一套杠杆设备能够高效运作。但是，爬树的动作也因此受到了影响[3]。阿基米德说"给我一个支点，我可以撬起地球"。而人类可以骄傲地说"改变我的坐骨，我可以大步向前。"

除了为直立行走而改造的坐骨外，人类骨骼改变很大的另一处是头骨。为了容纳飞速增长的大脑，人类的头骨，尤其是婴儿的头骨大得不成比例。与生俱来的大脑帮助人类幼儿快速学习成长，但是却给妈妈们带来巨大难题，巨大的头骨如何从狭窄的骨盆中通过？为了容纳人类进步的大脑，人类女性的骨盆比男性骨盆的尺寸更大，耻骨下角更宽，坐骨切迹更宽。

深思 5-6

母亲为了生下婴儿，选择了更宽的骨盆。婴儿为了探出向往世界的头颅，又做出了什么选择呢？

人类骨盆具有的显著性别二型性是为了分娩"巨婴"而进化的,称为生产选择。该特征使得人类骨盆成为确定骨骼遗骸性别最可靠的解剖结构。但生产选择造成的骨盆差异可能仅发生在人类中。黑猩猩骨盆很大,通常被认为几乎没有生产限制,加之其新生儿头部小,仅占母体骨盆尺寸的70%左右,理论上可忽略其生产选择。但黑猩猩的骨盆性别差异模式也比较明显。实际上性别二型骨盆已经存在于早期哺乳动物中,是较为普遍的现象,内分泌系统对此起了决定性作用。但是不可否认,人类头骨的演化加强了这一性状的差距[4]。

在**面部表情**方面,类人猿有着不输于人类的丰富的面部表情。通过解读黑猩猩的面部表情,我们能清晰地判断出黑猩猩的情绪状态,就像我们判断另外一个人的一样。观看面部表情是一种高效的视觉信息传递方式。一瞥就能明白你的状态,是"你好呀,过来一起玩",还是"我正烦,离我远点"。为了强化表情,人类面部的肌肉群可以做出丰富的"表演",甚至在刑侦上还有分析人类表情的"微表情理论"。此外,眉毛对人类表情的展示绝对厥功至伟。作为遗留下的为数不多的体毛,眉毛不仅用于阻挡头顶流下的汗液,防止其流入眼睛;也是面部参与表情活动的重要视觉元素。眉毛的上挑和下压能够直观地强调面部的形态。以宠物猫的面部表情为例,加上眉毛的变化后,表情的作用被显著放大(见图5-5)。在2018年的研究中,科学家发现当代人类的眉骨

图5-5 眉毛对表情的特殊作用

高度下降，其中一个主要原因是为了使眉毛的活动更加自由，灵活用于表情展示中[5]。

眉毛带来的微表情变化是难以人为控制的。经常在谍战片中看到，经过训练的特工故意控制自己的面部和身体动作来欺骗对手，甚至在某些化学药剂的作用下也能控制自己的言行。但如果针对眉毛，识谎者则更容易发现隐藏的信息。因为面部下半部分的表情（主要是微笑）比上半部分更容易控制。因此，当要求受试者压制面部动作时，他们会更大程度上降低微笑的频率，而控制眉毛的动作则相对较少。努力控制确实能减少面部动作，但是并不能完全消除[6]。

在行为表现方面，我们曾认为"制造工具"是区分人与动物的标准，但是科学家发现非洲的黑猩猩也可以制造简易工具——经过加工的树枝。它们将其伸入白蚁的洞穴中，再把沾满白蚁的树枝放到口中进食，这极大地提高了获取高蛋白食品的效率。除此之外，黑猩猩之间还有丰富的社交活动，它们闲聊（见图5-6）、梳理皮毛、分享食物等。如果有机会上学的话，它们甚至还能学习语言并且与人类交流。一只名叫夏特克（Chantek）的红毛猩猩是第一只可以用手语与人类交流的红毛猩猩，也是唯一上过大学的红毛猩猩。夏特克6个月的时候被人类收养，经过培训他共掌握了几百个手语词汇，能够与人类

图5-6 黑猩猩的社交活动

交流,并且成为某大学的荣誉毕业生。

那么,类人猿有没有可能经过教育变成人?《猩球崛起》系列电影描画出这一可能性。实验室的黑猩猩由于神经性药物的作用,其大脑的功能得以加强,而该神经性药物对人类却是致命的。类人猿获得了反抗人类的智力和绝佳机遇,最终从人类手中夺得了地球之主的地位。大家大可不必害怕类人猿的崛起,在科幻故事外,人类获得现今的地位是百万年岁月积累的演化成就,对类人猿的领先优势表现在生理、心理和社会全方面。类人猿很难有机缘巧合通过某些黑科技弯道超车。

人的进化阶段

我们相信短期内类人猿难以进化到替代人类,因为回顾人类进化的各个阶段,就知道从猿到人的过程有多么艰辛。440万年前,人科最早的成员地猿学会了直立行走。出现在400万～100万年前的南方古猿一度被认为是人类最早的祖先,其中名为露西(Lucy)的南方古猿知名度很高。250万～100万年前的能人是最早的人属成员,能够使用工具;随后200万～20万年前的直立人阶段,他们具有了语言能力;智人就是现在的我们,是地球上茕茕孑立的人科成员(见图5-7)。

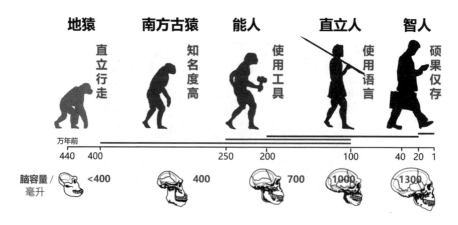

图5-7 人类演化的阶段

• 五步进化

地猿（*Ardipithecus*）是人科中非常早期的属——地猿属。生存在440万年前的上新世早期。由于它与非洲的类人猿有很多相似之处，故被认为属于黑猩猩分支而非人类分支。但因其牙齿像南方古猿的牙齿，故主流观点将其归为人的祖先，而非人类与黑猩猩的最后共同祖先，但它依然是最接近共同祖先的物种。地猿最具革命性的变化是可以直立行走。1994年，在埃塞俄比亚发掘的地猿被称为"Ardi"，身高120厘米，体重50千克，具有猿类头部与脚部，但可以直立行走。

南方古猿（*Australopithecus*），距今400万～100万年前，是人科南方古猿属。1973年在埃塞俄比亚发现了露西，其身高110厘米，体重29千克。幸运的是其40%的骨骼保存完好，还发现了其脚印化石。南方古猿已经基本适应了直立行走。

能人（*Homo habilis*）距今250万～100万年前，是人科人属能人种，是最早的人属。能人发现于1964年坦桑尼亚，一起发现的还有石器。其身高为120～130厘米，不仅可以直立行走，还能制造工具，是名副其实的"能力提升"的人。

直立人（*Homo erectus*）距今200万～20万年前，是人科人属直立人种。由于距离现在时间较近，直立人在全球都有较多发现，如国内发现了北京猿人、蓝田人、和县人、元谋人、南京人等。直立人开始用火和旧石器，具备了语言能力，建立起了社会化的团队。

智人（*Homo sapiens*）就是现代的我们，因此无须赘述。但我们还有一个知名的亲戚——**尼安德特人**（*Homo neanderthalensis*），距今28万～3.5万年前，是人科人属尼安德特种。发现于1856年的德国，是与智人有过接触的最近的人科物种。其生活在寒冷的欧洲，身体更加强壮，可以完成狩猎、制衣等复杂工作，是母系氏族。他们不但懂得照顾伤者，还知道埋葬死者。他们算得上是智人的亲戚或邻居,曾与智人共处很长一段时间,后来灭绝了,但他们残留的基因仍然能在我们体内发现。

从地猿站起来开始,人类外形的显著改变是直立行走,同时人类内部器官也发生了飞跃变化,尤其是脑容量急速增大。地猿的脑容量小于400毫升,与现在的大猩猩类似;南方古猿习惯于直立行走,空闲出的双手有更多的功能,脑容量因此扩容为400毫升;能人会使用工具,工具的设计、制造和使用等各个环节对大脑提出了更高的要求,因此脑容量大幅度扩容至700毫升;直立人开始使用语言,用抽象的词语描述实在的事物,大脑需要完成更多的任务,容量再次跃升至1 000毫升。尼安德特人和智人都需要处理社会化的事务,大脑容量上升至1 300毫升以上,已经达到地猿的3倍以上了。甚至尼安德特人的脑容量比我们还大,最大达到了1 500毫升。人类演化过程中,直立行走、手的使用、面部减小等多种外形的变化,都直接影响了大脑的演化。脑容量的扩增支持了人类获得更多的技能,让人类在自然竞争中占据了优势地位。

深思 5-7

是不是脑容量越大就会越聪明、越能够习得更多技能呢?人类为什么不进化成更大的大脑?人脑的大小受什么限制呢?

● **露西的死亡**

大名鼎鼎的前"人类祖母"南方古猿露西的化石发现于1974年埃塞俄比亚。其有高达40%的骨骼得以保存。要知道,很多古猿只是发现了几颗牙或是一片头骨就很了不起了!这令她在古人类学上占据了极其重要的地位，对她的研究现在都没有停止。人们渴望了解她的一切，包括死因。2016年科学家通过分析露西骨头上的裂纹，推断出露西的死因居然是从树上掉落摔死的，科学家模拟还原了惨剧的瞬间。露西为了学习行走的新技能，丧失了爬树的旧技能，为人类的进化而牺牲了，值得后人尊敬[7]。

有一部电影就叫作《Lucy》，中文翻译为《超体》，这样的翻译对于人众而言比较吸引眼球，但是丧失了导演的设计感。这个故事设定的理论是广为传播的"人类大脑还有90%未开发"。片中的女主露西在机缘巧合下逐渐开启了对整个大脑功能的利用能力。从而获得了控制细胞、控制信息、穿越时空的能力。在回到过去的穿行中，她遇到了人类的"祖母"露西，并且做出了经典的点手指动作，充满了深度的寓意。

人的大脑真的只用了10%，而海豚用了20%？该说法源于一个近百年前的实验，当时研究者测试老鼠的脑损伤与记忆的关系，发现切掉一部分大脑并不一定会影响老鼠在迷宫中找到食物。但脑科学告诉我们的真相是：生物的大脑处于100%的利用状态，只是不同区域的大脑分工不同，并非所有大脑都负责记忆。因此，我们能知道的是，10%并非大脑使用的比例，而是大脑运作的不解之谜仅仅解开了10%而已。

深思 5-8

露西摔死与她学会直立行走有关吗？新性状对个体和群体的意义是什么？

人是生命的顶峰吗：智人演化

现在人类的肤色包含白、黄、棕、黑等。人类皮肤的颜色是由黑色素含量决定的，所呈现的肤色复杂多样。而且由于人类交流的加深，各色人的融合，使得肤色性状差别逐渐减少。根据物种划分的标准，无论哪种肤色的人类，都属于一个物种，因为人与人之间并不存在生殖隔离。人类数量庞大，然而人类又很孤独，现在的人属中只留存了唯一的物种——智人。那人类的姐妹种都到哪里去了？为什么同属于智人，还会产生不同肤色的人类？所有的答案都藏在智人迁徙的途中。

迁徙过程

● 智人起源

时间飞逝，我们已经走到了现代人阶段，一般是把1万年前往后的智人称为现代人。无论什么肤色的人都是一家人，不存在生殖隔离，都可以生混血宝宝。那现代人到底是怎么来的？学术界有两种观点，多地区起源说和单一地区起源说（见图5-8）。简单而言，各地的人是分别独立发展来的，还是有唯一的祖先？

主流学术圈关于智人起源的一种推测是"多地区起源说"。该假说认为

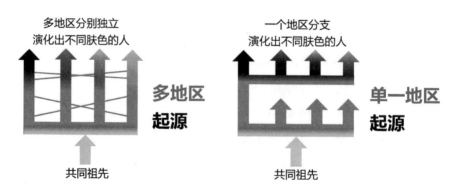

图5-8 智人的起源假说

现在的智人是全球各个地区独自进化后而来的。例如中国人是东亚本土的人种，欧洲人是亚欧大陆西端的人种，非洲人一直生活在非洲。这样的想法比较自然，一方水土养一方人，每个类人猿的分支在不同的地方进化出不一样的人，也符合对世界上其他生物演化的观察，不同大陆上有亲缘的生物独自发展出新的物种。**单一地区起源说**则描绘出另外一幅画面，现今所有的人类都来自一个地区的智人，智人迁徙到了其他地区后，定居成为现有不同肤色的人类。2017年《自然》期刊上发表了一篇综述性论文，表明单一地区起源说为学术界的主流观点，就是现代人都是来自非洲的智人。科学家作图描绘出了人类家谱，除了非洲智人外，其他人种都变成了红色，走向了灭绝。智人走出了非洲，接下来让我们看看这一过程是怎样发生的。

● **灭绝之路**

智人的迁徙史就是一部其他生物的血泪史，人类曾在短短的几万年间血洗了全球。智人在4万年前登陆了澳大利亚，随后澳大利亚本土的24种大型有袋哺乳动物中的23种灭绝了，只剩下跑得快的袋鼠。智人刻意烧毁了难以跨越的茂密森林，只有耐火的桉树得以保留。又懒又萌的考拉凭借火灾后残留的桉树和天敌被消灭的有利条件存活了下来。澳大利亚唯一感谢智人到来的生物应该非考拉莫属。

智人在大约1.2万年前，从亚欧大陆穿过白令海峡来到阿拉斯加，进入了美洲大陆。当时的美洲大陆分别有47个属（北美）和60个属（南美）的动物，仅仅经过2 000年时间，北美仅剩下13个属、南美仅剩下50个属的动物。人们耳熟能详的剑齿虎和猛犸象就是在这一时期消失的。

大陆遭受屠戮，置身大洋中的海岛也未能幸免，只是人类登岛的时间更晚一些。新西兰安然度过了4.5万年前的冰河期而几乎丝毫未受到影响。公元10世纪，这里才有人烟，人类乘坐独木舟来到新西兰。1769年，英国海军踏足新西兰土地，传教士接踵而来，定居点开始建立起来。新西兰的大多数巨型动物以及60%的鸟类全都惨遭绝种的命运。知名岛屿马达加斯加岛、台湾岛、夏威夷岛、复活节岛都发生过类似的惨剧。

很多中国人认为"北京猿人是我们的祖先",这是多地区起源说的认识。但是基因研究表明:中国人同样源自非洲智人。世界各地的猿人都惨遭不幸,尼安德特人、丹尼索瓦人和霍比特人等人属大家庭中的物种都消失了,整个世界就剩下了唯一的我们——进击的智人!

● **人类融合**

根据"走出非洲模型",当我们的祖先智人仍在非洲大陆"玩泥巴"时,尼安德特人就已经率先离开了非洲大陆,去征战世界了。尼安德特人身体强壮,大脑容量(约1 500毫升)甚至是人科中各物种的天花板。然而仅有1 300毫升脑容量的智人是如何打败这一劲敌的?

这与能带给生物愉悦感的一种分子有关,下丘脑分泌催产素能够强化自身团体认同,智人总是能保持团队作战,弥补了单一个体在体力和智力上的欠缺。生物有两种生存策略r型和K型,r型靠快速繁殖,通过大规模的群体抢占生存优势;K型依靠强大的个体适应环境的多变。而智人结合了r型和K型的特点,因此在与兄弟人种的战争中最终胜出。除此之外,智人的语言交流也尤为重要,其不仅在团队合作中可以进行准确分工,保证团队多而不乱;也能为团队成员描绘出一些抽象的概念,如理想、荣誉等,凝聚成员的目标。当然,由于没有文字记录,我们无法获取早期智人到底说了什么,但是使用语言能统一团队成员目标,这一效果是毋庸置疑的。

智人的迁徙都是杀戮吗?科学家也有比较温和的猜测:其他人没有被完全灭绝,而是与智人融合了。现代欧亚大陆的人体内大约有1%～4%的尼安德特人基因。6万～4万年前,尼安德特人和智人可能有基因交流,现代人体内的基因*SCN9A*负责痛觉,尼安德特人的该基因的突变导致人们对痛的敏感度增强,更怕疼的人类能够主动避免很多冒险的事情,从而增加了存活的可能

性[8]。动画电影《疯狂原始人》(*The Croods*)就讲
述了这样一个温情的童话故事，在危险丛生的史
前，尼安德特人家族遵循着严格的戒条才得以存
活，而来自非洲的智人小伙用火把和智慧点亮了尼
安德特人未来的发展。故事中强强联手的结局更
符合理想中的文明发展。希望这种猜测才是历史
的真相。

研究方法

智人曾两次走出非洲，第一次去欧亚大陆，还
通过没有被大洋完全断绝的陆上途径进入东南亚
诸岛，划着简易的木船进入澳大利亚。第二次走出
非洲则更为彻底，智人去了除南极洲以外的所有大
陆。如此详细的数据如何获得呢？基本方法有两
种：分析化石和基因测序。

● 化石证据

化石证据最为直接，如果在异域发现了同一物
种的化石，则是最可信服的证据，表明该物种曾经
存在过迁移。通过分析化石间的差距，还能推断出
物种间的亲缘关系和血脉传承。即便是普通人，也
能够对比古人类与当今人类的完整头骨化石，说出
其中的差异。但是获得完整化石常常是奢望。大
部分化石是小小的骨骼碎片，如一颗牙齿、一片头
骨、一部分内耳迷路。对于非专业人士，能从碎石
中区分出化石已经是极为困难的专业门槛。如果
能获得像前文中提到的40%露西的骨骼化石，这对

深思 5-9

尼安德特人和非洲智
人有生殖隔离，为什么
仍可以通婚？

于考古学家而言，就是中了超级大奖。

获得化石难，分析化石难上加难。通过残破不全的化石推断千万年前发生的事情，只能像福尔摩斯一样明察秋毫才能破案。否则小小的误差将带来完全不同的故事。2015年南非发现当地最早的古人类纳莱迪人（*Homo naledi*），看外形推测其距今约300万年。2017年根据古地磁、铀系等多种测年法得出的年代数据只有约30万年。数据相差了近10倍，家族地位由"爷爷"秒变"孙辈"。

北京猿人化石发现于1921年，2009年确定其存在时间距今约77万年，又向前推了20万年[9]。1921年同一年发现的还有非洲首次发现的古人类卡布韦人。2020年确定其距今约32.4万～27.4万年，比之前晚了20万年[10]。这两个物种的年代差被误判了将近50万年。有多少结论需要重写，多少教科书需要重修。

● 基因助力

相对于化石发现的随机性和化石分析的巨大误差，基因测序的方法更加精确，得到越来越广泛的应用。通过玩类似"找不同"的游戏，找出物种间基因的差异，差异小的亲缘近，差异大的亲缘远。例如，很多文章中说人和黑猩猩的基因组大小基本相似，两个物种的基因组相似度为98.3%。但是，如果考虑到人有约30亿个碱基，1.7%的差异表明有51 000 000个碱基对不同。而很多基因单碱基突变就能影响其编码蛋白质的功能，如果这些差异碱基均匀分布在基因上，那么几乎会导致黑猩猩每个基因都与人不相同。因此这个1.7%的差异还真的不小。

每个人都是上天赐给父母最好的礼物。同时，父母也将自身的礼物"遗传物质"赠予了孩子。父母又是从他们父母那里继承了遗传物质。那么我们能否向上追踪遗传物质最初的来源？答案是肯定的。20世纪70年代开始，科学家就通过基因测序的方法，比对不同人种的DNA来确定亲缘关系。由于线粒体只能来源于母亲，而 Y 染色体只能来源于父亲，因此科学家们通过测量它们的 DNA 序列分别找到了所有人类最初的祖先——"亚当"和"夏娃"。2013 年发表的研究论文中提出，线粒体夏娃出现在 24 万～15 万年前，而 Y 染色体亚当出现在 20 万～18 万年前，它们都是在非洲。看来我们人类"20 万年前是一家"。

找不同的游戏非常"费眼"，请挑战从图 5-9 中找出差异。这还是仅仅上百个碱基的遗传物质。如果这一数据变成 30 亿呢？对比数量庞大的碱基的差异也只能由高性能计算机进行统计才能完成。但即便计算机能够帮忙，获得生物遗传信息的工作，一度被高昂的测序费用所困扰。

```
CCTACCGAAGATTACCTACCACAGTATTCCTACCCTAAGTCC
CCTACCACAGTATTCCTACCGAAGATTAGGTAGGTTAGTATC
CCTACCTAAGTCTCCCTACCAAAGCCTCCCTACCCCAGTAAA

CCTACCGAAGATTACCTACCAGAGTATTCCTACCCTAAGTCC
CCTACCACAGTATTCCTACCGAAGATTACCTACCTTAGTATC
CCTACCTAAGTCTCCCTACCAAAGCCTGCCTACCCCAGTAAA
```

图 5-9　找出碱基中的不同之处

在 21 世纪 90 年代，人类基因组计划（Human Genome Project，HGP）汇集全世界之力解码人类基因序列。当时花费将近 30 亿美元。如果那时有人要通过测量全基因组的方式研究人类进化，绝对被认为要么是痴人说梦，要么就是富可敌国。因此早期的研究，科学家们退而求其次，使用了核苷酸序列较短的核糖体 RNA 作为标尺进行比对，其碱基数量约为 100～5 000 个。核糖体 RNA 的保守性高，能反映出地质时间长度下生物遗传物质的变化。随着测序成本的下降，科学家们也能承担起高端"装备"的费用，使用了碱基数量为 10 000～39 000 的线粒体 DNA 和 60 000 000 的 Y 染色体，分别找到了人类的共同母亲与父亲。现在即便使用人类的全基因组测序也不会引起学术圈的涟漪，因为随着计算机技术的发展，测序价格逐年下降，到 2023 年，华大智造发布超高通量测序仪DNBSEQ-T20×2，每年可完成高达5万例人全基因组测序，单例成本低于100美元。了解自己的基因组信息比购买一部手机还便宜。

测序成本断崖式下跌，但人类基因组工作并不完美。2001年，人类基因组计划发布了第一版人类基因组图谱，其中存在大约2亿个碱基缺失，占整个基因组的8%。缺失的区域主要位于染色体的着丝粒和端粒区域，都包含高度重复的序列；还有部分染色体的短臂，其中包括编码核糖体的功能性基因。2022年端粒到端粒联盟（Telomere to Telomere，T2T）宣布人类基因组缺失的8%已完成测序[11]。之前工作遇到的两个难点为：① 端粒处有大量重复序列，② 染色体包含父母的两套基因组。此次科学家采用的解决方案为：① 增加长片段DNA的测序能力，避免重复片段干扰拼装过程；② 找到了只含有父亲基因组的罕见细胞系，该细胞系取自二十多年前从一名女性子宫切除下来的葡萄胎组织——发育异常的人类受精卵，与精子结合的是一个缺失母体基因组的卵子。仅拥有精子遗传物质的受精卵无法发育成胚胎，但精子带来的性染色体刚好是X而不是Y，这让细胞保留了复制能力。这类细胞的23对染色体中的每一对都来自父亲，序列相同，刚好符合了T2T组织的期望。相比之下，第一版人类基因组图谱是由多人基因拼接而成的，结果可能产生错误和误差。未来人类基因组T2T-CHM13序列来自一名欧洲白人，它不包含Y染色体。T2T计划从不同血统的人类个体中提取350个基因组，用测序结果创建一个新的"人类泛基因组参考"。

各参考基因组版本皆以白种人为主体而构建，无法代表全人类，也难以体现中国多族群的遗传多样性。2023年，《自然》期刊公布了首个中国人群的参考泛基因组[12]。中国团队采集了代表中国36个族群的58个样本，采用最新的第三代高保真基因组测序技术对其进行高深度测序，并结合最新的单倍型基因组组装方法，获取了116个高质量单倍型基因组，构建了首个高质量中国人群参考泛基因组。

我们以图5-10和图5-11梳理采用基因测序获得人类迁移过程的研究。20世纪70年代,科学家陆续开始使用线粒体DNA和Y染色体进行人类进化的研究,效果显著但缺点也很明显,毕竟只使用了基因很小的一部分。随着技术的进步,2010年后,人类的祖先——尼安德特人、丹尼索瓦人的基因组序列被测量完成。随后土著澳大利亚人、欧亚人、美洲人的基因组陆续被测量。2016年大规模测量了欧亚人、澳大利亚人的基因组,逐渐把智人迁徙的拼图补全。科学家研究了欧亚人种的迁徙情况,调查了148个人群的483个个体的基因组,以其巨大的数据量进一步明确了人类迁徙的历史,并发现了新古人种的基因,而这个人种的化石至今尚未发现。因此,未来的考古研究应该与基因组技术紧密结合,毕竟发现高价值化石简直像是中彩票[13]。

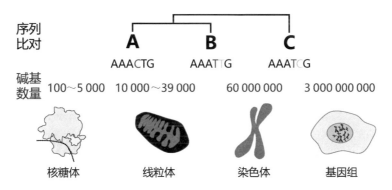

图5-10　基因测序法确定人类演化的工作,碱基数量由少到多

图5-11　最近人类演化研究中的测序情况

随着对基因研究的加深，学术界提出"非洲多地区起源说"，即在40万～1万年前，由于气候原因，非洲大陆被分割成不同的生态区域，生活在不同区域的不同种群的人常常处于半隔离状态而独立演化，并产生基因变异；但是隔一段时间，这些人群就会在交界点上发生基因交流，频繁的基因交流最终产生现代人类。基因的研究甚至帮助科学家发现了从没有化石证据的新人类。2020年，在现代西非人基因组中，发现平均有6.6%～7%的古老基因来自一种"幽灵"古人类群体，这个群体可能就是当初人群基因交流的证据[14]。

使用基因分析古生物演化的前提是有高质量的基因样本。但古老的DNA极易降解，没有合格的样品，无论如何先进的DNA测序手段也无法检测。人与猿在距今约900万～700万年前分开，但迄今为止人类最古老的DNA证据也不超过40万年。没有可信的工具怎么办？

• 最新方法

生物大分子不仅有核酸，还有蛋白质，能否使用蛋白质替代核酸来检测生物演化的亲缘关系呢？ 2019年，古生物学家们在距今1.3亿年前的始孔子鸟羽毛化石中，发现了保存至今的角蛋白。2020年，夏河丹尼索瓦人鉴定工作的研究成果公布，研究者不但在牙齿中提取到了古蛋白质组信息，并且将蛋白质序列与其他人种进行了对比[15]。虽然某些蛋白质的保存时间较为久远，但是蛋白质的缺点也非常明显：首先蛋白质种类繁多，序列结构更为复杂，与只有4种碱基的核酸相比较，构成蛋白质的20种氨基酸序列测量的复杂度大幅度提高；其次，蛋白质不能像核酸一样使用聚合酶链式反应（PCR）技术进行扩增，故检测灵敏度有限，对样本量的要求更高；再次，蛋白质作为生物大分子同样面临易降解问题，绝大多数蛋白质都难以逃过微生物降解和自然化学降解的命运。因此，使用蛋白质来推断古生物的信息，只是一种有限的辅助工具。

人类未来

人类依然没有停止演化，演化的过程也没有跳出达尔文的演化理论。只不过执行选择的不仅有自然，还有社会。在约1万年前的新石器时代，人类生活方式从采集转变为耕作，淀粉类食物的充足供应导致了龋齿、牙错位等一系列牙齿问题。尤其是工业革命后几个世纪的短暂时光，完全不足以让我们的牙齿适应如今高糖分、精加工的饮食结构。婴儿咀嚼食物时会给颌骨压力并让其生长，最终牙齿的大小应当正好适合颌骨。当颌骨在发育中没有得到应有的刺激时，前部的牙齿就会变得拥挤，并导致后部牙齿阻生。这是人类身体的演化没有赶上环境变化的结果。

我们能够看到人类不停歇的演化。95%以上的北欧人后代携带了乳糖耐受的基因，这在人类驯化产奶的牛羊前是不必要的基因。口腔中的智齿常令人烦恼，本来用作替代磨坏臼齿的智齿现在反而成为多余的存在，已经有约35%的人类天生就没有智齿。大规模流行疾病作为强力的筛选标记使得现代人体内具有了对抗疟疾等传染性疾病的基因。在大约1万年以前，生活在黑海附近的某个人类祖先出现了基因突变，眼睛从棕色变成了蓝色，这一显著的性选择优势让富有魅力的蓝色眼睛基因传递了下来。

我们引以为豪的巨型大脑，其个头也在发生着显著变化。科学家们观察了985块人类和人类祖先的头骨化石。这些样本都来自10岁以上的个体，他们的颅骨容积代表了过去1 000万年间脑部的演化情况。自从大约200万年前开始，人类祖先的脑容量迅速增大，这与前文的描述是一致的。但是直到大约3 000年前，人类的脑容量开始快速下降。一种观点认为，脑部缩小是整个身体变小的副产物。另一种观点是，脑部变小和人类的"自我驯化"有关，即指生物选择脸部或其他特征看起来攻击性比较低的异性作为伴侣，从而让后代的相貌更温和。但是新的研究表明，在最近1万年间，人类的体重下降幅度约有5千克，按照脑部占的比例计算，对应的脑容量下降只有22毫升，而这一时期人类脑容量的实际下降幅度比22毫升的5倍还多。并且，体重下降从大约5万年前就开始了，而脑容量下降却在大约3 000年前才普遍出现，很难将这个现象与体重下降关联起来[16]。

如何解释这一反常识的现象呢？科学家发现在越大的蚁群里，工蚁的脑部就越小。社会化的大分工生产，让每个个体对知识和技能的学习限于少部分。2015年的一项研究调查了来自欧洲多国的6 000名成年人的记忆习惯，其中1/3的受访者表示，当自己要回忆某个信息时，会首先依靠计算机，而不是努力回忆。其中，英国受访者的这项趋势最为明显，有80%的人都说"先上网查"。在尝试回忆前直接上网搜索，这种趋势会阻止长期记忆的建立。人对大脑的依赖越少，神经元之间连接的建立就越少，这令大脑的发展停滞不前。

那么人类未来还会演化吗？自然选择、遗传漂变、文化因素、社会压力这一切都迫使生物持续改变。**由于驱动生物演化的动力都还存在，作为生物的人类依然可以继续演化。**如果对未来人类进行预测，喜欢选高个子的人为配偶这一性选择会使人的身高进一步增高；大家学习知识的量逐渐增大，也会驱动大脑的结构变得更复杂；不受待见又没有太大作用的智齿、小趾和阑尾会继续退化，最后消失不见。生成式人工智能ChatGPT、DeepSeek等的出现，将人工智能这一科幻片的常见角色拉近到人类面前。也许未来替代人类的，会是人类的产品——人工智能。

让我们还是乐观地对人类的未来抱有信心，人类不仅是自然选择的结果，也是社会关系塑造的产物。人类对过往生物演化规律的认知，必定是预测人类未来发展的关键。为了让迄今为止宇宙中依然孤独的智慧生命体有更长的时间去发现其他星球上的同伴，我怀着热切的期盼，希望人类可以继续演化，绘制充满想象力的未来画卷。

| 前沿瞭望 | 现存的人种只有智人，但智人真的是"纯种"的吗？可以在微信公众号"生态与演化"中搜索阅读《震惊！我们的祖先竟可能不止一个》。 |

"深思"提示

深思 5-1

人类的智齿、小脚趾上的趾甲会不会消失？请列举更多。

深思 5-2

矮黑猩猩、黑猩猩、大猩猩、红毛猩猩、长臂猿。

深思 5-3

尽管人类的手与黑猩猩的已经极为相似了，但人类拇指的功能强于黑猩猩。人类拇指有力且灵活，可以完成许多精细的操控动作。反过来灵活的拇指又训练了大脑。在断指再植的时候，医生会优先保障拇指。当拇指缺失时，甚至会用其他手指移植到拇指的位置代替拇指的功能。

深思 5-4

造成无毛有多种原因，可以根据下述提示进行思考：① 出汗，② 入水，③ 好看，④ 人到中年。

深思 5-5

防止非洲草原上的烈日暴晒引起脑部温度过高。头发是一顶遮阳帽，避免人类中暑。

深思 5-6

① 早产（更早出来），② 头可以变形（囟门）。

▶ 深思 5-7

哺乳动物大脑太大会造成分娩时困难。尺寸与神经元数量有关，但智慧还与神经元的连接、大脑的能量供给等有关。单纯增加神经元数量未必会带来更高的智商。

▶ 深思 5-8

直立行走和爬树是两种冲突的动作，需要的身体构造和肌肉群力量完全不同。选择直立行走意味着爬树能力会大幅度下降，从树上摔下来也不会出人意料。然而，没有第一个直立行走的开拓者，后面的人类永远站不起来。

▶ 深思 5-9

生殖隔离是相对的，有些个体通过突变或者其他途径产生了能繁殖后代的健康杂合体，就可以打破生殖隔离而产生新的物种。试想，如果骡子具有了生殖能力，那么物种中就会增加新的成员。

参考文献

[1] CHO Y J, MIN H J, KIM K S. The differences between 2 cases of preauricular fistula[J]. Ear, Nose & Throat Journal, 2022, 101(7): 276–278.

[2] LU C P, POLAK L, KEYES B E, et al. Spatiotemporal antagonism in mesenchymal-epithelial signaling in sweat versus hair fate decision[J]. Science, 2016, 354(6319): 6102.

[3] KOZMA E E, WEBB N M, HARCOURT-SMITH W E H, et al. Hip extensor mechanics and the evolution of walking and climbing capabilities in humans, apes, and fossil hominins[J]. Proceedings of the National Academy of Sciences, 2018, 115(16): 4134–4139.

[4] FISCHER B, GRUNSTRA N D S, ZAFFARINI E, et al. Sex differences in the pelvis did not evolve de novo in modern humans[J]. Nature Ecology & Evolution, 2021, 5(5): 625–630.

[5] GODINHO R M, SPIKINS P, O'HIGGINS P. Supraorbital morphology and social dynamics in human evolution[J]. Nature Ecology & Evolution, 2018, 2(6): 956–961.

[6] HURLEY C M, FRANK M G. Executing facial control during deception situations[J]. Journal of Nonverbal Behavior, 2011, 35(2): 119–131.

[7] KAPPELMAN J, KETCHAM R A, PEARCE S, et al. Perimortem fractures in Lucy suggest mortality from fall out of tall tree[J]. Nature, 2016, 537(7621): 503–507.

[8] ZEBERG H, DANNEMANN M, SAHLHOLM K, et al. A Neanderthal sodium channel increases pain

sensitivity in present-day humans[J]. Current Biology, 2020, 30(17): 3465–3469.

[9] SHEN G, GAO X, GAO B, et al. Age of Zhoukoudian *Homo erectus* determined with [26]Al/[10]Be burial dating[J]. Nature, 2009, 458(7235): 198–200.

[10] GRÜN R, PIKE A, MCDERMOTT F, et al. Dating the skull from Broken Hill, Zambia, and its position in human evolution[J]. Nature, 2020, 580(7803): 372–375.

[11] ALTEMOSE N, LOGSDON G A, BZIKADZE A V, et al. Complete genomic and epigenetic maps of human centromeres[J]. Science, 2022, 376(6588): eabl4178.

[12] GAO Y, YANG X, CHEN H, et al. A pangenome reference of 36 Chinese populations[J]. Nature, 2023, 619(7968): 112–121.

[13] PAGANI L, LAWSON D J, JAGODA E, et al. Genomic analyses inform on migration events during the peopling of Eurasia[J]. Nature, 2016, 538(7624): 238–342.

[14] DURVASULA A, SANKARARAMAN S. Recovering signals of ghost archaic introgression in African populations[J]. Science Advances, 2020, 6(7): eaax5097.

[15] WELKER F, RAMOS-MADRIGAL J, GUTENBRUNNER P, et al. The dental proteome of *Homo antecessor*[J]. Nature, 2020, 580(7802): 235–238.

[16] DESILVA J M, TRANIELLO J F A, CLAXTON A G, et al. When and why did human brains decrease in size? A new change-point analysis and insights from brain evolution in ants[J]. Frontiers in Ecology and Evolution, 2021, 9: 742639.

第6章

人之初性本善习相远：
表型与行为演化

在达尔文提出进化论的初期，很多人不相信该理论——实际上欧美现在仍有大量人抵制进化论，主要原因之一就是人们难以理解复杂精妙的生物器官是如何形成的。生物的表型似乎是经过高阶智能精心设计一般，每分每毫都无比精准和高效。除了物理结构，生物的行为也令人百思不得其解，是谁在出生前教授了动物们那些天性，如果一切都是超自然力量定制好的，那生命体后续的各种"努力奋斗"还有没有现实的意义。因此本章将以一个精妙器官的进化过程为例，带读者见识大自然饱含逻辑的造化之功。并且生物行为的进化也非"听天由命"，生物体后天的"磨砺"可以塑造生物的行为，从而使得生命体在进化中"身心"都得到升级。

八仙过海各显神通：表型改变

正在读书的你是否戴着眼镜？想想周围的朋友们是不是大多戴着眼镜。有数据表明：中国的近视人数达6亿，青少年近视率高居世界第一！我国初高中生和大学生的近视率均已超过70%，而美国青少年的近视率约为25%，德国青少年的近视率在15%以下，澳大利亚的仅为1.3%。其实不止中国青少年，东亚青少年的近视率都很高。这是为什么呢？普遍的认知关注于遗传因素、作业过量和电子产品的使用。但已有研究成果表明年轻人"户外时间短"可能是导致近视率高的主要原因[1]。新加坡海报鼓励孩子出去玩，喊出了"远离近视，出门去玩！（Keep myopia away, Go outdoors and play!）"的口号。近视只是眼睛功能发生的一种异常变化，而导致功能发生变化的根本在于结构的变化，如眼轴的拉长。我们就使用眼睛作为例子来了解生物表型的改变过程。

眼睛的故事

● 眼睛的迷惑

人们之所以对近视的产生原因有如此繁多的认识，归根结底在于眼睛结构和功能的复杂性。任何对眼睛结构的微小改变都会影响视觉效果。就像精致、复杂的机械表一样，任何零件的缺失都会导致机械表的误差或停摆。按照进化论的思想，生物的器官要循序渐进地完善，那半个眼睛还能发挥作用吗？

达尔文说过"我坦率地承认，认为眼睛能够通过自然选择而形成的想法似乎是荒谬到了极致。"这句话成了反对者和怀疑者攻击进化论的利器。然而，不要断章取义地理解，达尔文在上述话的后面紧跟着"然而理性告诉我，假如我们能证明从不完美的简单眼睛到完美的复杂眼睛之间有着数量巨大的不同级别，每个级别对其所有者都有用途；假如更进一步，眼睛的确能发生微小的变化，而变化可以遗传——当然如此；假如器官的任何变化或修饰对生活在变化环境中的动物有用,那么,相信完美而复杂的眼睛通过自然选择而形成,虽然仅凭我们的想象是不可逾越的,却很难说是个真正的难题。"显然,达尔文认为如果证明了"完美而复杂的眼睛"可以通过进化而产生,那么其他生物形态的改变也无须大惊小怪了。自然界设计师的作品往往超出了人类的想象。我们能证据确凿地去了解眼睛的进化过程吗?相对于达尔文的时代,我们积累了更多更新的发现,已经能够拼成完美的证据链,解决达尔文的"疑虑"了。

● 进化的过程

眼睛进化的第一步为感光有无(见图6-1)。眼睛的首要功能是感光,与拥有多种感光蛋白的微生物和植物相比,动物只有两类感光蛋白:视蛋白(opsins)和隐花色素(cryptochromes)。人眼中的感光蛋白视紫红质(rhodopsin)由视黄醛(retinal)和视蛋白结合而成。光线作用于光敏分子视黄醛,引起视紫红质的结构变化,从而使感光细胞感知到光线的存在。感光蛋白广泛地分布在细菌、植物和动物当中。它最初可能起源于细菌,后被植物细胞捕获,后又被动物细胞吞噬而扩散开来。藻类中存在的眼点具有感光能力,可以指导藻类移动到光照好的区域。而章鱼和乌贼的皮肤光感受器被用于控制颜色和图案的变化。除了上述常见的两种感光物质外,2016年,科学家在秀丽隐杆线虫身上发现了一种全新的光感受器LITE-1,其吸收紫外线的能力高于视蛋白和隐花色素10 ～ 100倍。该蛋白质的特点在于其对光的感受是通过自身结

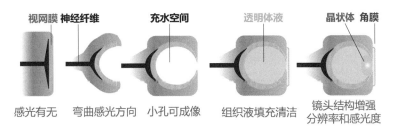

图6-1 眼睛演化的步骤

构的变化而发生的,没有光敏分子的参与[2]。

当某些细胞富集感光物质后,就变成了司职观看的感光细胞,单个的感光细胞或细胞聚合体成为弥漫性光感受器,也就是最原始的"眼",满足了生物判断光线有无和强弱的基本要求。但是,光中蕴含的丰富信息却无法从这样简单的构造中获得,这些信息包含了光来源的方向,以及物体的形状、颜色、远近等。

深思 6-1

盲虾后背的视网膜需要看到下方的光线,则要求身体必须是透明的。你还知道哪些动物是透明的呢?

眼睛进化的第二步为感光方向。现有的生物如何用好手中的光感受细胞?大西洋中脊的盲虾展现出了一种有趣的方式。盲虾生活在海底热泉的烟囱附近,与熟知的虾外貌相似,身长 5～8 厘米,身上覆盖着透明的甲壳。虾如其名,盲虾没有真正意义上的视觉——它所生存的环境不可能见到阳光。但是由于其所处深海热泉口的温度有 400℃,与平均水温 4℃的海水存在巨大的温差,高温热水散发出来的红外线成为盲虾最需要"看"到的光线。虽然盲虾能短时间耐受 100℃的水温环境,但长期耐热的能力与其他虾并无二致,长时间高温会将其煮熟。因此,通过看到热泉口热水的分布,与高温保持若即若离的关系,是盲虾最需要做到的。其后背由感光细胞组成的膜状物可以简洁且高效地完成这一任务,而这个构造在别的生物中还有个响亮的名字——视网膜,盲虾把视网膜背在了身后。

身材微小的细胞往往是透明的,透明的感光细胞因此可以接受各个方向的光线。如果让感光细胞仅能感受到特定方向的光线,则生物就可以进行光线的定位了。在某些现生涡虫(如*Polycelis auricularia*)身上,就能够看到符合定位原理的眼睛——眼点。每个眼点由两类细胞构成,不透明的色素细胞用于挡住一个方向的光线,感光细胞用于感受另一侧的光线。这对细胞组合完美解决了定位的问题。如果想要进一步准确定位的话,只需要在不同方向上排布眼点,眼点在每个角度上的密度越高,定位效果就越好。实际上,我们可以在图6-2中看到,涡虫也在身侧密密地排布了许多眼点。这样的眼点出现在多种生物中,包括海绵动物、扁形动物、一部分环节动物、几乎所有软体动物。脊椎动物的祖先文昌鱼,也具有类似的单眼,只不过它还具有专用的晶状体细胞。

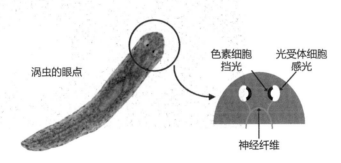

涡虫的眼点

色素细胞
挡光

光受体细胞
感光

神经纤维

图6-2 眼睛进化第二步——感受光的方向

眼睛进化的第三步为**初步成像**。让生物了解光线成像的原理堪比登天,但动物的眼睛却自觉地应用了成像原理。并没有什么超自然力量的精心设计,这一过程很可能是这样发生的:越来越多的眼点聚集在一起协同工作,形成了类似视网膜的感光细胞层。平坦的视网膜进行凹陷,使得其对光线方向的定位更加精准。现在海洋贝类就具有这种视网膜凹陷的眼睛。

当凹陷发展到极致,就会形成有孔的空腔,此时小孔成像就自然而然地发生了。小孔能让射入眼睛的每个方向的光线仅照射到视网膜的有限区域,孔

博 闻

小孔成像

用一个带有小孔的板放在屏幕与物之间,屏幕上就会形成物的倒像,前后移动中间的板,像的大小也会随之发生变化。这种现象反映了光线直线传播的性质。

透镜成像

透镜分为凸透镜和凹透镜。只有凸透镜能成实像,其成像规律是:物体放在焦点之外,在凸透镜另一侧成倒立的实像,实像有缩小、等大、放大三种。物距越小,像距越大,实像越大。

越小则照射区域越小,成像就越清晰。可见,成像是无心插柳的杰作,眼睛最初为了更好地定位光线来源,却无意解锁了成像的高阶技能。现今鹦鹉螺的眼睛就是符合小孔成像原理的针孔眼睛(见图6-3)。但有孔的眼睛还面临着结构难题,中空结构的力学强度不高,并且极易积累杂物,小孔通道使得细小杂物一旦进入眼球就难以清出。因此,生物体分泌出透明的组织液将空腔填满,其后分化出了晶状体和虹膜等结构。而开口处的小孔则使用透明的固体封住,保证了眼睛结构的纯洁与透明。

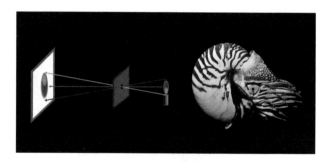

图6-3 小孔成像的动物——鹦鹉螺

　　眼睛进化的第四步为**优质成像**。小孔成像有个物理学上的难点,那就是成像的清晰度与光通量二者不可兼得。孔洞越小,图像越清晰,但是透光量越少,需要更灵敏的感光细胞。有没有一举两得的方案呢。早期的照相机也曾有小孔照相机,但现在几乎所有的相机都使用"镜头"。通过透镜的折射作用,既可以清晰成像,也可以满足透光量的要求。那么高端的眼睛是怎么用上"镜头"的呢?这当然也来源于自然的误打误撞。为了防尘，小孔眼睛使用透明固体覆盖小孔。这些具有特殊几何形状的透明固体无意中作为成像的镜头，帮助眼睛形成了高质量的图像。早在寒武纪，三叶虫就使用了矿物质方解石（碳酸钙晶体）作为自己眼睛的透镜（见图6-4）。现存生物海蛇尾依然在沿用方解石的晶状体。后来者也各有所取，采用不同的材质制备自己的"相机镜头"。例如，鸟类和爬行类晶状体蛋白称为ε-眼晶体蛋白，这个蛋白质的第二身份是一种常见酶——乳酸脱氢酶B4，用于催化乳酸脱氢转化为丙酮酸的反应。人类使用热休克蛋白构成了透明的晶状体，而该蛋白的本职工作是协助其他蛋白正确折叠，在高温等胁迫条件下帮助细胞存活。在眼睛演化过程中，生物似乎并没有专门为眼睛开发新的物质。因此我们可以得到一个重要的演化原理："生物热衷于拿来主义，不浪费可用资源"。

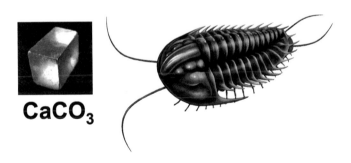

图6-4　三叶虫的方解石眼睛

眼睛的结构还有另外一个类似的例子，在许多夜间活动的生物或者深海的鱼类眼中，视网膜的后面都有一层反光膜（tapetum lucidum），将透过视网膜的"落网之光"再次反射回视网膜，从而提高眼睛对微光的敏感度。反射的光没有被视网膜完全吸收，就可以反射出眼外，形成"发光的狗眼"的奇观，称为眼耀（eyeshine）。某些鱼类的反光膜的化学成分是鸟嘌呤，也是遗传物质DNA构成的"四大天王"（ATGC）之一，会产生白色的眼耀；羊类反光膜表面

博　闻

DNA 的碱基

DNA 中的碱基有四种,分别是腺嘌呤(A)、胸腺嘧啶(T)、胞嘧啶(C)和鸟嘌呤(G)。这四种碱基通过氢键的方式相互连接,形成稳定的碱基对,即腺嘌呤与胸腺嘧啶之间形成两个氢键,鸟嘌呤与胞嘧啶之间形成三个氢键。这些碱基的排列顺序决定了基因的编码序列和生物体的遗传性状。

含有胶原蛋白,就是保持皮肤弹性的主角,会发出蓝色或绿色的光;猫类反光膜含有核黄素和锌,两者的混调显示出了黄色、绿色或蓝色的猫眼。

到此为止,一个高端精密的"光学仪器"就成型了。瞳孔控制眼球开孔的大小,犹如相机光圈控制光线的进入。晶状体决定光线的弯折,把不同距离的物体形成清晰的像投射到视网膜上,就像相机的镜头。视网膜将光线信息转化为神经脉冲,就像数码相机的成像感光元件将光信号转化为电信号。大脑负责对神经信号的加工,形成了我们能理解的视觉图像,类似于数码相机的CPU将处理好的电信号显示到相机显示器上。正如数码相机视频拍摄时每秒的图片张数受到CPU处理能力的限制,人类大脑可以每秒快速处理24张图片,如果眼睛接收到的图片速度高于这个值,大脑就会放弃对每张图片的单独分辨,从而将其认定为是连续的运动过程。与人类开发的摄像器材比较,眼睛已经进化到了一个"完美"的状态。上述的流程可以认为是目前研究最透彻的一种眼睛演化路线[3]。

眼睛演化的过程并没有出现如本章最初所述的达尔文的担心:完整的眼睛不可能从部分眼睛中进化而来。达尔文假设的相对简单的眼睛原型已在扁虫和许多担轮幼虫中发现。基因*Pax6*作为主要的眼睛发育操控基因支持了众多眼睛都源自唯一原始眼睛的观点。眼睛的进化速度非常快,在早期寒武纪时期（约5.15亿年前）就发现了超过3 000个小眼的复眼节肢动物。

由于眼睛能够为生命体提供更加丰富的信息，极大地提高了生物的生存能力，从而使眼睛成为生存竞争中最有力的工具。自然选择偏爱有眼睛的生物，因此也推动了眼睛的进化速度。无数生物体在自然的严格筛选下，奔着"不求最高端，但求最实用"的理念，选用了演化过程中出现的由简单到复杂的各种版本的眼睛。而达尔文也可以含笑地确认"相信完美而复杂的眼睛通过自然选择而形成……很难说是个真正的难题"了。

● **眼睛的缺陷**

自诩为"万物之灵"的人类，认为自己是演化的塔尖。但是人类的很多器官实际上都存在重大缺陷，比如说眼睛。人类的视网膜由感光细胞、双极细胞和节细胞分层构成。感光细胞负责将光信号转化为电信号，双极细胞分类处理电信号，最终由节细胞将电信号传输至大脑。合理的视网膜构造应该是感光细胞在顶层接收光线，而节细胞在底层传输数据。然而人类眼睛解剖图中的视网膜与神经纤维的位置关系似乎有些别扭，连接视网膜的视神经从前方汇集，在视网膜上穿孔而过，将信号传到大脑当中。这样的设计不仅让视网膜前多了障碍物，干扰了光线直达视网膜；更在完整的视网膜上打孔，造成孔洞处图像的缺失。这就相当于显示器的屏幕上覆盖着各种线路，需要透过线路看屏幕上的图像，并且这个屏幕上还有一个不能显示图像的区域，只是为了让线路能够汇集到屏幕背后。简而言之，人类的视网膜是装反的！[4]

不合理的设计带来了严重的代价：首先，视网膜上的孔洞造成了视觉画面的缺失，产生了所谓的"盲点"。其次，阻挡视网膜的不仅仅是装反的节细胞和双极细胞，还有为它们供氧的血管网。由于眼睛的神经元的耗氧量巨大，血管网中血量也较大，易造成眼底出血，影响视力。最后，由于感光细胞顶部与色素细胞层接触松散，视网膜在眼球上的固定效果很差，以至于头部受到撞击,或者高度近视眼的微小振动,都可能引发视网膜脱落,无法成像。那么自然界中有没有正常安装的眼睛(视神经在视网膜背后)呢?实际上软体动物例如乌贼和章鱼的眼睛就是正向安装的,从设计角度上来看,其远比人类眼睛高明得多。那人类这双视网膜装反的眼睛是怎么演化而来的呢?

如果我们得知所有的脊椎动物的视网膜都是装反的,心情是否会变好一些呢?现存最原始的脊椎动物文昌鱼还保留了祖先们的一些特征。文昌鱼的身体透明,具有贯穿头尾的神经索,头部的神经索有一个杯状凹陷,里面分布了两列感光细胞,称为"额眼"。这个眼睛透过透明的身体看向外面,相当于人类透过后脑勺看外界的图像。但随着脊索动物的身体逐渐演化为不透明的,原先"向后看"的眼睛需要看向前方,然而发育过程中视网膜反转的过程受 Pax6 基因定型而无法改变,因此我们才不得不继续使用反向的视网膜。"**新结构都来自旧结构,不能凭空出现**"。由于生命是演化而来并非凭空制造,因此生物体只能将错就错,在原有基础上修修补补,难以推倒重新设计。正如本书第1章解释的那样,"evolution"和"revolution"相差虽细微,但是在词根上有本质的区别。自然界也为合理设计留有可能,眼睛正装的章鱼是软体动物,它的祖先很早就与脊椎动物分道扬镳,因此在正确的道路上发展出了合理的视网膜结构。

不完美的眼睛,正是进化论的证据,展示了进化过程中严格的承前启后的逻辑性,对是否存在"精妙的超自然设计者"的讨论,给予了明确的否定回答。但是,我们也不能以是否完美作为区别神创论和进化论的金标准。"完美"一词并非严谨的学术表达,充满了强烈的主观色彩。

成也萧何,败也萧何。演化带来的问题还是要通过演化来解决。首先,生物体在演化中为装反的视网膜升级并打好了"补丁"。为什么我们并没有注意到盲点的存在,因为两只眼睛看到的图像可以互相补充。眼球也可以通过快速的移动,看到盲点所在的位置,在大脑中最终形成完整的图像。这一过程经过算力强大的大脑快速处理,画面间切换极致丝滑,令人感觉不出大脑"修图"的痕迹。如图6-5所示,我们很多视觉错觉都是来自大脑对图像的加工,这些"脑补"行为基于生活经验,虽并非100%还原,但是能够帮助生物体快速应对环境的变化。其次,在人类视网膜中,有一块称为黄斑区的特殊区域,阻挡感光细胞的血管与神经绕开了该区域,光线可以不受阻碍地在此处成像,属于视觉的高清区。我们常说的"定睛一瞧",就是努力将图像投射到黄斑区,以便看得更清晰。对于其他部分的视网膜,神经纤维也是无色的,不仅降低了对光的遮挡,还有可能成为光纤一样的构造,聚拢光线促进细胞感光。对于人类眼睛,造成视力不佳的主要原因是成像问题,如近视眼和远视眼源自晶状体偏离聚焦,而视网膜的清晰度并不是影响视觉的主要问题。至于视网膜装反而引起的视网膜脱落和眼底出血等症状,也是眼睛结构积累一定程度的病变后才会发生,并非常见情况。最后,视网膜反向也保障了感光细胞的血流供应,因为人类的视网膜消耗的氧气比等质量的大脑还要多。

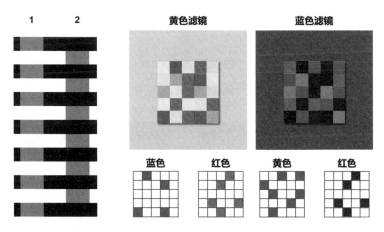

图6-5　大脑处理图像时的误差（1和2哪个灰色更深？魔方相同位置的彩色是一样的吗？魔方中的灰色是否也带上了色彩？）

● 彩色视觉的演化

　　色彩为动物观测世界打开了一扇新门,为大脑提供了更多新的信息。人类眼睛的感光细胞有两种,根据外形分为视锥细胞和视杆细胞。对颜色的感觉主要由视锥细胞提供,但其仅在明亮的环境下发挥作用。而在弱光的情况下则需要视杆细胞发挥作用,只是其对颜色基本没有分辨功能。因此在暗光下,我们看到的图像更接近灰色画面。

视锥细胞共有3种,简单而言就是分别可以感受红、绿、蓝3种颜色,但严格来说,每种细胞感受的是一定波长范围的光线。丰富的色彩感觉则是这3种细胞信号的混合与再处理。利用这个机制,各种电子显示设备都使用了三原色的混色法,使用基本的红、绿、蓝3种光源,即可融合出五彩斑斓的画面(见图6-6)。人类眼中感受红色和绿色的视锥细胞的光谱分布较为接近,个中缘由与色觉的演化有重大关系。

色觉的演化似乎并不是一直上升的状态。鸟类普遍具有四色视觉,其中鹦鹉具有6种视锥细

深思 6-2

拿起你手边的放大镜,或者使用光学显微镜,观察你的手机屏幕,你会看到什么?如何理解屏幕的这种设计。

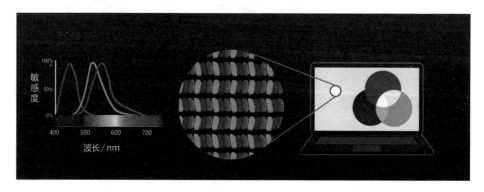

图6-6　人类的三色视觉范围以及三原色在显示器中的应用

胞[5]。鱼类是脊椎动物的祖先，深海鱼类也具有4种视锥细胞[6]，现今发现的具有视锥细胞种类最多的生物甚至不是脊椎动物，螳螂虾具有11种视锥细胞[7]，它们看到的彩色世界令人类难以想象。

6亿年前，单细胞生物具有了最早的光感受器。5.4亿年前的无颌脊椎鱼，就产生了4种光感受器（红、绿、蓝、紫）。6 500万年前，由于陆地始终被爬行动物支配，哺乳动物选择了黑夜，丢掉了绿和蓝两种视蛋白，只剩下红和紫，可能是夜间看不到蓝天和绿树吧。但是6 500万年前的一场集群灭绝导致恐龙灭绝，哺乳动物又能光明正大地在白天玩耍嬉戏了，其紫外视蛋白变得对蓝光敏感，适合白天活动。之后发生的变异复制了红色视蛋白，一种红色视蛋白变成绿色视蛋白，为现代人类的颜色视觉奠定了基础。因此红色与绿色视蛋白的吸收光谱十分接近。当你看到"红绿"两个字一起出现时，脑海中很可能会浮现出"红绿色盲"。我们从小体检就要看颜色的识别卡，在繁杂的色块当中辨别出图案，从而证明自己不是色盲。红色感光蛋白和绿色感光蛋白本是同源，因此某些人难以区分红色和绿色。与人类相比，大多数哺乳动物都是色盲，这要归因于哺乳动物祖先在黑夜中彩色视觉的退化。虽然人类勉强进化出了接近三色的视觉，但与鸟类的四色视觉相比，我们所有人都是色盲（见图6-7）。

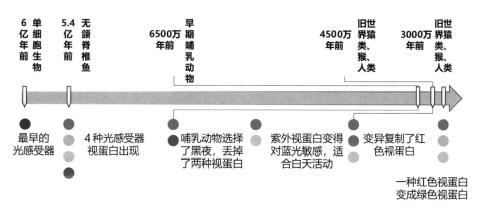

图6-7　动物彩色视觉进化的途径

　　少一种视蛋白的人称为色盲,但多一种视蛋白呢? 大约12%的女性携带X染色体相关视觉缺陷,她们的视网膜包含4类视锥细胞,被称为四色视觉(tetrachromacy),这属于异常三色视觉(anomalous trichromacy)。色弱也属于异常三色视觉,但四色视觉的人对于颜色的辨别反而更强。2010年,科学家们使用计算机合成了在正常人眼中难以分别的特殊色度,筛选出能够分辨这些色度的四色视觉者[8]。12%的比例如此之高,但为什么我们并没有感觉到四色视觉者的存在呢? 一方面,具有4种视蛋白并不意味着能看到4种颜色,因为"看到"这个行为很大程度取决于大脑对光线的处理能力。此外,我们很难通过语言描述去了解别人眼中看到的世界。有些艺术家表现出来的缤纷世界,有可能暗示了他们优于常人的色觉感受。澳大利亚艺术家珂切塔·安蒂可(Concetta Antico)描述了她看到的卵石小径,"这些小石块在我眼前雀跃,带着橙色、黄色、绿色、蓝色和粉色。"而这些卵石在大多数人眼中是灰色的。借助计算机合成的色彩,我们有可能找到更多的色彩之神。在色盲与色弱之外,由于个体差异,人类中还有约50%的女性和约8%的男性看到的颜色与标准的人类视觉模型有一定的色差。

　　回顾人类视蛋白的演化历史,我们不仅对红色视蛋白进行复制改造,还曾经因丢失了蓝色视蛋白,而将紫色视蛋白改造成蓝色视蛋白。因此,人类的蓝色视蛋白至今仍对一部分紫外线保持敏感。即便这样,由于眼球的角膜和晶状体会吸收紫外线,对细胞有损伤作用的紫外线在正常情况下是无法抵达视网膜的。但是特殊的医疗操作,如为了治疗白内障而摘除患者的部分晶状体后,患者就能够看到从未出现过的奇怪蓝光。法国印象派画家莫奈在82岁接受了左眼白内障手术,有人猜测这就是他晚年作品中呈现出蓝色和蓝紫色的原因。儿童眼球的透光性较高,有可能看到成人看不到的紫外线。在听觉方面,随着年龄增长,人类对高频声音的听觉会逐渐损失,儿童能够听到成年人听不到的高频声波。因此,儿童有时候能看到或听到成人不能感知的影像和声音。加之儿童的表述能力较弱，往往这样的科学过程就变成了"灵异"过程。科学的理念之一就是**不要轻易地否定科学的可能性**，否则新发现和创新从何而来？对于神话中的千里眼、透视眼、夜光眼，现在人们都已经凭借科技实现了。

表型和功能演化认知

形态结构演化方向简单而言为复杂化和简单化，二者都是对环境适应的结果，具有各自的进化意义。以眼睛为例，涡虫的眼点演化成人类的眼睛，形态结构越来越复杂、精密，功能也越来越完善，完成特定功能的效率越来越高。而地下溶洞中的盲鱼，由于环境中没有一丝光亮，眼睛就变成了无用之物，尽管编码完整的眼睛的基因还遗传在每个细胞中，甚至在胚胎发育过程中盲鱼的眼睛也会出现，但是在发育后期其眼睛会被吸收掉，形态结构简单至归零。

形态结构演化途径分为叠加组合、渐进适应、旧物改造。**叠加组合**是"1 加 1 大于 2"的明显范例，例如眼睛演化便是晶状体材料、眼球结构、视网膜布局等多个部件共同协调的叠加结果。**渐进适应**是在功能完善的过程中，在器官的基本形态结构保留的情况下，形态结构的逐步变化，例如所有脊椎动物的心脏的功能都是驱动体内血液循坏，而其基本构造也都包含心房与心室。但是随着生物演化的复杂度增加，鱼类的单心房单心室转变为两栖类的两心房单心室，再到爬行动物的不完全分隔的心室，最后到哺乳动物和鸟类的完全的两心房两心室。这一过程并没有额外的部件引入，心脏的复杂度逐渐上升。**旧物改造**则是对原有器官进行大幅度改造，使其功能发生根本性的改变。哺乳动物的前肢由祖先用于挖掘收集的小前爪，在特定条件下定向演化，转变为可以飞翔的蝙蝠翅膀、可以畅游的海豚胸鳍、可以奔跑的骏马前蹄。其功能和形态已经发生了巨大变化，在解剖学的证据下，我们才可以从骨骼上发现它们的演化关系。

生理功能的新功能起源方式分为强化、扩大、更替。**强化**指原有功能的增强。最简单的脊索动物文昌鱼的眼睛仅用于感受光线的有无与方向，而现今的脊索动物可以使用眼睛获取颜色、深度、运动信息。"看"这一功能已经得到了巨大的强化。而且强化的策略不尽相同,无脊椎的节肢动物采用复眼、多个眼睛等方式也实现了"看"的功能的强化。这种强化也是创意十足,在澄江化石群中发现的中华微网虫的身体两侧分布着9对复眼,形似科幻电影里的外星生物,"看"成了它生活的主要目标(见图6-8)。

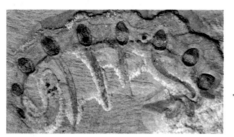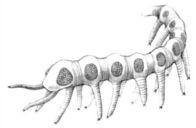

图6-8 真实存在的多眼"怪物",身体两侧都是眼睛[3]

扩大指的是形态功能已经超出了原有器官的功能,例如动物牙齿最初和现在的主要作用都是咀嚼进食。但是鲸的牙齿变成了须板,成为庞大的过滤器,将海水排出留下鱼虾;毒蛇的牙齿中间留有管路,成为注射器,将毒液注入猎物体内;大象的牙齿变成了叉车,配合象鼻进行搬运挖掘等工作。而用于混匀食物的舌头,则在很多生物中成为捕食的工具,如青蛙、变色龙、食蚁兽等的舌头。

更替则是对原有功能的完全替换,最明显的例子还是哺乳动物的前肢。扩大仍然保留了原有的功能,而更替则实现了器官的"跨界"发展。例如鲸的鳍擅长游泳,但再也不具有挖掘的功能了。

结构决定功能,巧妇难为无米之炊,正是由于这些执行特定功能的器官,在适应环境中进行了复杂化或简单化的改变,表型上经历叠加组合、渐进适应、旧物改造的改变,功能上经过强化、扩大、更替,才使得生物个体对环境的适应达到了惊人的匹配。

遗传与学习熟重要：行为演化

在中国人的哲学体系中，对人性的认识是积极的，"人之初，性本善"。人们在成长中无论面临诱惑还是冰冷，都要努力保持初心，维持生而为人的善良本质。而西方的宗教则认为人生而有罪，人生就是自我救赎的过程，只有克服身上的原罪才能回到美好的"天堂"。可见，无论性本善还是性本恶的解读方式，其目标都是劝解人们好好地度过有限的一生。那么抛开价值层面的解读，从生物演化的角度而言，人类各种行为到底是怎么来的？拓展到所有的生物行为，是先天遗传还是后天学习养成？

行为的概念

行为是有机体在各种内外部刺激影响下产生的活动。植物的行为一般缓慢不可逆。当然也有能够迅速应对外界刺激的植物行为，如含羞草感受到振动时快速闭合叶子，猪笼草感受到滑落其中的昆虫会快速盖上盖子，捕虫草也能在昆虫踏入陷阱时迅速闭合叶子。但即便这样的快速行为与动物的行为比起来也显得过分简单。因此在行为的研究方面，动物行为是研究的重点，可以分为先天定型和后天习得两大类。

• 先天定型

先天定型是指动物一出生就有的行为方式，由遗传物质决定，并经自然选择进化而来。其包含趋性、反射、本能3个逐渐复杂的方式。趋性是生物对外部刺激反应而引起的具有方向性运动，包括趋化性和趋光性。如苍蝇的逐臭行为和昆虫间的化学素通信行为就是趋化性。趋光性也出现在多种动物中，例如，紫外捕虫灯和夜晚使用强光照吸引鱼群的捕鱼方式，都是利用了生物的趋光性。反射是由生物对外部刺激反应而引起的高等神经活动，如膝跳反射、婴儿的抓握反射和吸吮反射等。本能是不学而能、先天固有的行为。其复杂程度超过反射，涉及多个反射弧。如动物发育到一定程度会自己捕食，性成熟

深思 6-3

人出生后需要一年才能学会行走，而牛、羊、马等一出生就可以站立，为什么人的先天定型似乎要弱很多？

深思 6-4

如果说某种生物度过一生需要的能力为100分，有哪些生物一出生就获得了90分，有哪些只有10分，从而需要不断学习？你能举出这些例子吗？

后会求偶婚配等，具体而言还有鸟儿作巢、蜘蛛织网等。本能也是最令人感兴趣的行为，复杂的行为是如何记录在遗传物质中传递给后代的？如果这些行为可以写在遗传物质中，那么改造遗传物质的序列能否影响这些行为呢？或者更进一步，将其他复杂的行为写入遗传物质中，是不是可以产生某些"神童"呢？

● **后天习得**

后天习得是指动物成长过程中通过环境因素的影响，由生活经验和学习逐渐建立起来的行为。其包括学习和推理两大类。学习是有意识地建立条件反射的过程，巴甫洛夫的狗通过学习建立起了听到铃声就流口水的条件发射；运动员们通过反复的训练，练就了无须思考就能精准到位的"肌肉记忆"。学习是重复和记忆，这一能力大多动物都能拥有。但是基于已有知识拓展到未知的推理却不是所有生物都能应付得来的。推理是一种高级的神经活动，例如数字的抽象与演算、文字的使用等，经过训练的类人猿能完成上述任务。高等生物很多能力需要后天学习才可以获得，而低等生物往往依靠本能就可以度过一生。

● **案例：人类行为**

"人之初"的问题的本质在于讨论"人类行为主要是来自先天遗传，还是后天学习形成的？"由于使用人做类似的实验有悖伦理（实际上还真有人做过），科学家使用与人类亲缘关系最近的类人猿开展了研究，探究猿类与人类行为的鸿沟是由基因决定的，还是由学习决定的。科幻片《猩球崛起》讲述了实验室黑猩猩获得智能，最终打败人类统治地球的故事。但大家大可不必担心，因为现有的实验证明了猩猩不可能变成人类！ 2017年，国外媒体发布了一则悲伤的讣告。前文提到的雄性红毛猩猩夏特克在美国亚特兰大动物园去世了，终年39岁。夏特克从小便由人类抚养，按照人类婴儿的教育方式学习掌握了几百个手语词汇，可以用手语与人类交流，并上过大学。但是夏特克成年之后，却因表现出一定的攻击性，被关在了动物园中。可悲的是他觉得自己是一个人而非红毛猩猩，无法与其他红毛猩猩交流，最终抑郁而终（见图6-9）。这个实验向我们展示了后天学习对类人猿的行为转变具有效果，但是仍然不能使类人猿成为真正意义上的人。其反映出类人猿与人先天的差异，也就是基因上的差异影响了人类的行为。

图6-9　红毛猩猩（非文中的夏特克）

虽然人类的干预不能使类人猿的行为与真人相同，但人类的行为却实实在在地影响了类人猿的传统行为，例如黑猩猩使用工具来打碎坚果或收集白蚁。这些行为包括了对动物生存至关重要的适应，像人类文化一样代代相传。但附近人类的影响会使得黑猩猩群体的独特行为减少。远离人类影响的群体可能会表现出15～20种行为，而受人类强烈影响的群体只有2～3种行为。人类对其栖息地的破坏和偷猎可能会抹杀类人猿的关键行为[9]。而我们对野生动物的保护，不仅仅是让其继续繁衍，还有对其独特行为——如"黑猩猩文化遗产"的保护。

人类先天的行为有没有对应的基因呢？有些科学家声称找到了！拖延症是当今人们常见的行为，不到截止期很难开始工作。但有趣的是，优秀的原创者们（比如画家、作者、演员等）大多数都有拖延症。比如达·芬奇，他在蒙娜丽莎这幅画上，断断续续工作了16年。科学家已经找到了决定拖延症的基因。2009年，一项关于278位、平均年龄24岁的拖延症患者的研究进行了拖延症评估及基因分析，发现基因TH（酪氨酸羟化酶基因）与拖延有紧密关系[10]。而现在越来越多的基因与行为相关的研究得以开展，如抑郁症与失眠症的遗传相关性等[11]。随着对人类基因研究工作的持续开展，我们有望清晰地了解先天行为的遗传机制，从而在分子层面影响人类的行为。在此，我们可以尝试着回答本节提出的问题"生物行为是先天遗传重要，还是后天学习养成重要？"与他类相比，先天遗传更重要。与同类相比，后天学习更重要。我们与类人猿大脑间的鸿沟是数百万年间演化形成的，并非可以通过后天的学习而轻易跨越。但人与人之间的行为差异，则需要个体在后天的学习实践中逐渐磨炼，从而形成各具特色的行为风格。

行为演化分类

对动物行为的描述，可以分为觅食行为、贮食行为、防御行为、领域行为、节律行为、社会行为、定向行为等。其核心行为无非是取食、保护和传代。每一种行为都有其演化的意义，每一种行为也与其物质基础——特殊的生理结构有重要关联。接下来，我们来了解3种常见行为：与取食有关的通信行为、与保护有关的争斗行为和与传代有关的性行为。

● 通信行为

没有任何动物能够真正独自生活，即便喜欢独居的生物也需要定期与同种生物通信从而繁衍后代。采用群体生活的生物更需要使用通信来协调彼此的行动。视觉通信中，生物体使用自身动作和身体颜色等传递信息。鸟类求偶时展现美丽的羽毛和优雅的舞姿，使用视觉信号吸引异性。蜜蜂通过飞行的姿势传递花源的方位、距离等信息。自带发光功能的生物具有更多主动性，萤火虫通过改变荧光的明亮节奏与同伴通信。

完成通信需要的基本要素包括信息发送装置、信息传递介质和信息接收装置等。对视觉而言，自发光或控制反射光是信息发送的起始，眼睛则是光线接收装置。但光线容易受到物体遮挡，因此需要其他通信方式作为补充。声音能够绕过障碍物，其传播向四处扩散，是一种广播式的通信方式。听觉通信的最高水准就是我们人类的构建语言体系，而千里蛙鸣、幽谷鸟语则是大多数高等生物听觉沟通的常态。

触觉通信需要接触，信息传递效率较低，但正是因为零距离，所以其蕴含的深层次"情感"更为丰富，猴群之间互相整理皮毛是增强成员关系的重要方式。而对于人类，一个温暖的拥抱胜似千言万语。化学通信是较为古老的通信方式，当微生物间需要通信的时候，它们就会分泌"信号分子"在不同个体间传递特定信息，引发群体感应，即所有微生物同时产生某种响应。化学通信在多细胞生物中也十分有效，不仅昆虫间使用特定信息素来传递内容，哺乳动物中也有不少代表，它们使用尿液中的化学物质去划分领地或者寻找同伴。化学通信受限于分子的传播能力，如空气流动和分子浓度等。化学物质所能携带的信息量极为有限，无法传递复杂的内容。

视觉、听觉、嗅觉、味觉、触觉是人类的信息接收方式。除此之外，自然界中还有"第六感"——电磁感应，例如有些电鳗可以通过改变身体电场来传递信息。1678年，意大利解剖学家洛伦齐尼（Lorenzini）发现鲨鱼头部前端有像斑点的体孔，称为鲨鱼的洛伦齐尼瓮（见图6-10）。几百年后，人们才了解到这个结构赋予了鱼类额外的检测电磁场和温度梯度的能力。红鲑体内有磁小体链，帮助鲑鱼长途跋涉洄游而不迷路。同样在信鸽等长距离迁徙的鸟类大脑中，也发现了类似的磁小体结构，来感受地球微弱的磁场从而为鸟类导航。人类是否具有感受电磁场的能力呢？ 2019年，加州理工学院测试了人体磁场

图6-10　鲨鱼头部的洛伦齐尼壶

的接收能力,初步证实了人类磁感可以让大脑感应到地球磁场[12]。这也部分解释了为什么有些人空间感强,来到新城市也不会晕头转向。而有些人则为"路痴",难以分辨东南西北。关于人类自身是否还具有其他感知能力,我们不妨抱着开放的态度,很多诸如"直觉""下意识"等描述仍没有可信服的科学解释,人类是否还存在"第N感"很令人期待。

鸟类视网膜中的隐花色素可能也是磁感应器,其中的光敏色素辅基黄素腺嘌呤二核苷酸(flavin adenine dinucleotide, FAD)吸收蓝光能量后引起电子跃迁,此时这对被分离的电子由于量子纠缠同时具有自旋单态和三重态,这两种电子状态的平衡会由磁场决定,而信息也会传递给大脑,让生物做出判断[13-14]。FAD在隐花色素水平极低的条件下,发挥磁感应功能。果蝇中的隐花色素缺乏FAD结合域,但仍引发磁感应[15]。人类细胞在实验室中也会对磁场产生感应,FAD几乎在所有细胞中都存在,而FAD水平越高就越可能产生磁感应。人类细胞中的FAD没有得到隐花色素的帮助,无法转化成大脑可读取的生化反应信息。动物可能通过隐花色素的光敏化学反应感知磁场。

人类的微笑是通信行为吗?是的,这属于视觉通信的范畴。达尔文在《人类和动物的表情》中提到"笑是人类的猿类祖先进化出来的一种区分攻击与打闹的方式。"当语言尚未出现的时候，准确判断另外个体的意图非常重要。当你的朋友给你肩膀上来一拳，你能通过疼痛感来感知他，如果他加上一张笑脸的话，你就很容易知道这是友好的招呼方式。而为什么笑的动作能与友好相关联呢？笑最初可能来源于恐惧。在坐过山车时拍的照片中，受到惊吓的游客都会将嘴角后咧，露出"诡异"的笑容，实际上这是害怕的本能反应。在原始社会，当不熟悉的双方相遇时，为声明自己是无害的，可露出受惊吓的表情（笑容），相当于告诉对方"我害怕你"，这是生物界最有效表达友好的方式。笑的行为已经部分地写入基因当中，哺乳动物的幼崽天生就会露出萌萌的笑容，融化了那些想要施加伤害的成年个体的心，从而获得更好的生存机会。有没有想到，最纯真的婴儿笑容也是有残酷的生存目的的。

深思 6-5

婴儿的面容特征往往代表着弱的攻击性，人类在驯化小动物的过程中，是否会有小动物的面容向着婴儿的方向变化呢？请思考并举例。

● 争斗行为

笑能够避免争斗，但是争斗行为的意义在哪呢？是有利于种群密度调节以保证资源的合理利用，还是通过优胜劣汰促进种群的发展？物竞天择，生物的繁衍并没有自我限制机制。寿命上限也许算一种自我限制机制，但实验室中的某些细胞可以长生不老，达到不朽。人们对寿命的认识还仅限于端粒层面。环境提供的空间和资源确实有限，以有限的资源约束无限的生物个体，竞争就不可避免地产生了。物种内部的争斗行为通常有节制，不会引起个体的死亡,但是一些严重的受伤也会带来死亡的恶果。雄鹿发情期的争斗有时会导致鹿角卡在一起,无法分开,以争斗双方饿死或被捕食者猎杀而告终。顶级猎食者的领地意识经常会引发争斗,争斗的级别从恐吓到以命相搏。兵法的最高境界是不战而屈人之兵。如果能通过和平手段区分高下,对争斗的双方都有好处。因此鸟儿发展出了"君子动口不动手"的方法,通过歌声或华美的羽毛一决高下。演化也让生物采用恐吓、威胁、虚张声势等保守、温和的形式解决争端。其具有重要的生物学意义——避免个体遭受到严重的伤害。例如我们经常能看到小型宠物犬在狗绳被主人牵着的时候,遇到其他犬类往往会大声狂哮,并做出扑击的动作。然而一旦主人松开绳子,小狗立刻回归安静的状态,丧失了嚣张的气焰。这种行为就是一种和平的争斗行为,小狗们没有真的打起来,全靠演技。争斗行为的这种虚张声势,在生物的防御行为中更为明显,因为弱者缺少实质对抗的手段,只能通过欺骗误导自己的敌人。如伞蜥(*Chlamydosaurus kingii*)在脖子处有一圈薄膜,平时收起来难以被观察到,当遇到危险时它会将其支起来,使身体尺寸瞬间扩大几倍,以巨大的体形吓走对方(见图6-11)。

图6-11　伞蜥吓唬敌人的手段

• 性行为

性不是生命必需的,起码从生命起源到现在,大量生命体并非以性的形式传递自己的遗传信息。绝大多数的微生物都是以简单的一分为二的形式进行繁衍。那为什么自然界还会选择性的形式呢?尤其对于高等生物而言,性的驱动力甚至比其他行为的驱动力还要巨大,这也是我们讨论动物行为时,不能绕开的话题。

性行为的本质就是不同个体间的遗传物质交流，这种交流带来的益处是每一次的繁殖，都会为后代提供50%基因的更换。相对于简单分裂形成新个体的形式，有性繁殖为生命体提供了打破"阶级固化"的机会。基因的自然突变经常发生在少量的碱基上，而且大部分的突变都是无效的，甚至是灾难性的。获得好突变全凭运气。但是性行为所提供的50%的新基因，则都是经过前面众多个体筛选后的"安全"基因，既有新基因的加盟，又能避免基因突变带来的风险，性行为实际上是生物演化进程中最为划算的行为。而且，性行为有利于快速地将个体的优良性状，扩散到种群当中。

性行为早在多细胞出现前就存在了。我们看起来相同的酵母细胞可以分为 α 型和 a 型。两种细胞可以融合产生新的细胞。生存条件优良的时候，酵母细胞出芽生殖，快速地进行自我复制，迅速利用资源达到最大的生物数量。但当生存条件不好的时候，酵母细胞进行有性生殖，通过大规模的基因交换，为后代换来一丝生机。当然，微生物间更为普遍的基因交流是质粒的交流。质粒是含有基因的小环状DNA，能够脱离原有细胞，被其他个体甚至是不同微生物摄取，成为基因转移的主要工具。那质粒转移可否认为是性行为？如果从转移基因的数量而言，质粒携带的基因量不足以支持后代的正常生存，因此不被主流学界认为是

博　闻

孟德尔为什么不做动物杂交实验？
因为孟德尔担任神父一职，研究动物杂交会涉及"性"，这是神职工作者的研究禁区。

性行为。

随着单细胞升级为多细胞，细胞开始分工，有了专门的生殖细胞，卵子可以接纳外来的遗传物质，精子则负责将遗传物质送出去。拥有卵子的个体称为雌性，拥有精子的个体称为雄性，二者兼有的生物也不少见，称为雌雄同体。二者都没有的只能进行无性繁殖。有趣的是，从生命的意义来讲，有性繁殖给物种带来了一个沉重的负担——雄性。原本任何一个个体都能繁衍后代，现在需要由雄性专门负责提供精子。最初的雄性对此工作并不上心，春天百花盛开，弥散在空气中的花粉就是植物的精子细胞，通过"广撒网，多敛鱼，择优而从之"的方式传播自己的遗传信息。

深思 6-6

有没有可能存在三个个体的基因转移？

这种懈怠直到脊索动物的出现才稍微有些好转，鱼类在交配的时候，雌雄个体之间至少会处于靠近的位置，这样卵子和精子在水中会有更大的概率相遇成为受精卵。但这样的受精概率依然很低，大量的生殖细胞被浪费掉了，还带来一个很重要的问题——后代的抚育问题。这样的繁殖方式很难区分哪些是自己"亲生的"。因此也没有父母愿意很认真地照顾后代。大自然给出了解决方案，使用专用通道，点对点地将精子送到卵子的面前。这个通道慢慢地形成一根管子，变成了雄性的生殖器。最早具有阴茎的脊椎动物是大约 3.8 亿年前的小肢鱼（*Microbrachius dicki*），它的腹鳍特化出了沟槽，可以插入雌性的泄殖腔，与今天的鲨鱼具有类似结构。但遗憾的是这样先进的结构并没有流传下来。基于鱼类进化出的两栖类还是以体外受精的方式繁衍。直到大约3.2亿年前，"羊膜动物"类群产生了"羊膜卵"——也就是熟知的蛋。蛋的外壳阻挡了体外受精的通路，只能通过体内受精后再将受精卵包裹起来。因此，脊椎动物出现了专用的精子传送管道，并从此改变了脊椎动物的繁殖方式。

性选择是影响性行为进化的主要因素。性选择是一种特殊的自然选择，一般情况下，指雄性为选择雌性而形成的性状。性选择毋庸置疑是自然选择的一种，但是没有哪种选择一定是对物种全部有利的。介形类（*Cypideis salebros*）的雄性生殖器与身体相比十分大，这显然对繁殖非常有利，但对物种存活却极端有害。科学家们发现雄性与雌性体形差最大的物种的灭绝速度是雄性较小的物种的10倍[16]。过多的资源投放在繁殖功能上，使其他功能受到影响。《指环王》中精灵王的坐骑——爱尔兰麋鹿拥有壮观的大角，因此也被称为"大角鹿"。这双大角有利于雄鹿在求偶季节获得雌鹿的芳心。但是硕大的角增加了其身体的负担，也不利于其在丛林中快速奔跑，因此该物种早已灭绝（见图6-12）。可见，在性选择上可能没有单一的定律。

深思 6-7

发挥想象，在人类社会的发展历史中，你知道哪些类似"鹿角"的东西，可能对生存造成不利因素，但异有些情况下被认为能够吸引异性？

图6-12　已经灭绝的大角鹿塑像（作者于2024年9月拍摄于泰国芭提雅）

　　性行为意味着更多的责任和义务，在物竞天择的自然界，这显然对个体而言增加了生存的难度。如何把生物的遗传信息代代相传呢？在自然选择下，性行为被赋予了精神层面最大的补偿。生物个体不仅在交配中获得短暂的快感，更能在雌雄相处、哺育后代时获得长期的幸福感。这些感觉都来自大脑中的化学反应，特殊的分子给予生物特殊的快乐。姑且称这些能带来愉悦感觉的化学物质为"爱情分子"。对于人类而言，多巴胺（dopamine）是最常见的快乐分子，一些毒品会刺激身体生成多巴胺，使人产生快感，但会破坏身体正常的多巴胺分泌机制，甚至损伤神经系统。催产素（oxytocin）能给予个体更多的亲密感觉，人类的很多社会化活动都与催产素相关。这个名字暴露了它原本的作用——促进女性的分娩[17]。催产素的作用不仅仅局限于人类之间，多项研究证明，在人和动物之间也会因催产素的分泌而建立更稳定和信任的关系[18]。

　　到此，我们应该能够回答本节开始的问题：生物的行为是先天遗传，还是后天学习养成？一部分先天遗传，一部分后天学习，大部分二者兼有！对于人类，后天学习的重要性要远远超出先天遗传。但"人之初，性本自然"，人类本身就是自然选择的产物，在自然的基础上，调整自身的行为，使其能够与自然和社会相协调，是一种明智的生存策略。

> **前沿瞭望**
>
> 使用声音交流是重要的生物行为，除人类有完整复杂的语言系统外，其他生物的交流方式也是各具特色。可以在微信公众号"生态与演化"中搜索阅读《裸鼹鼠方言研究评述》，了解声音方言在裸鼹鼠中的文化传播研究。

"深思"提示

▶ 深思6-1

桶眼鱼、水母、玻璃蛙、透明蚜虫等。

▶ 深思6-2

能看到发光的小点绝大多数是由3种颜色组成的，红绿蓝三原色可以组合出绝大多数人类看到的颜色。

▶ 深思6-3

这也是自然选择的结果。婴儿需要更多资源发育大脑，因此运动能力发育延缓，但是人类母亲对婴儿的照顾有加，因而没有站立的能力也能存活。

▶ 深思6-4

一般而言，寿命较短的生物没有时间后天学习，需要依靠先天本能存活。而人类则是另一个极端，没有人照顾的胎儿根本无法在自然界中存活。

▶ 深思6-5

　　人类对宠物的外貌选择往往不自觉地偏向婴儿的样貌——圆嘟嘟的脸、水汪汪的眼。

▶ 深思6-6

　　真核生物的DNA存在于细胞核和线粒体、叶绿体等细胞器中。细胞核内的DNA来自父母双方，而线粒体DNA只能来源于母亲，当线粒体DNA出现问题时，可以通过生殖干预的方法将其他健康的线粒体导入受精卵，这样的孩子就相当于有了3个"父母"——细胞核爸爸、细胞核妈妈和线粒体妈妈。

▶ 深思6-7

　　古代的裹脚、束腰，穿高跟鞋，身上打孔，拉长脖子。

参考文献

[1] DOLGIN E. The myopia boom[J]. Nature，2015，519(7543): 276–278.

[2] GONG J, YUAN Y, WARD A, et al. The *C. elegans* taste receptor homolog LITE-1 is a photoreceptor[J]. Cell, 2016, 167(5): 1252–1263.

[3] GEHRING W J. Chance and necessity in eye evolution[J]. Genome Biology and Evolution, 2011, 3: 1053–1066.

[4] BERGMAN J. The human retina shows evidence of good design[J]. Answers Research Journal, 2011, 4: 75–80.

[5] TEDORE C, NILSSON D E. Avian UV vision enhances leaf surface contrasts in forest environments[J]. Nature Communications, 2019, 10(1): 238.

[6] MUSILOVA Z, CORTESI F, MATSCHINER M, et al. Vision using multiple distinct rod opsins in deep-sea fishes[J]. Science, 2019, 364(6440): 588–592.

[7] THOEN H H, HOW M J, CHIOU T H, et al. A different form of color vision in mantis shrimp[J]. Science, 2014, 343(6169): 411.

[8] JORDAN G, DEEB S S, BOSTEN J M, et al. The dimensionality of color vision in carriers of anomalous trichromacy[J]. Journal of Vision, 2010, 10(8): 12.

[9] KÜHL H S, BOESCH C, KULIK L, et al. Human impact erodes chimpanzee behavioral diversity[J]. Science, 2019, 363(6434): 1453.

[10] SCHLÜTER C, ARNING L, FRAENZ C, et al. Genetic variation in dopamine availability modulates the self-reported level of action control in a sex-dependent manner[J]. Social Cognitive and Affective Neuroscience, 2019, 14(7): 759–768.

[11] CAI L, BAO Y, FU X, et al. Causal links between major depressive disorder and insomnia: a Mendelian randomisation study[J]. Gene, 2021, 768: 145271.

[12] WANG C X, HILBURN I A, WU D A, et al. Transduction of the geomagnetic field as evidenced from alpha-band activity in the human brain[J]. ENEURO, 2019, 18.

[13] XU J, JAROCHA L, ZOLLITSCH T, et al. Magnetic sensitivity of cryptochrome 4 from a migratory songbird[J]. Nature, 2021, 594(7864): 535–540.

[14] PINZON-RODRIGUEZ A, MUHEIM R. Cryptochrome expression in avian UV cones: revisiting the role of CRY1 as magnetoreceptor[J]. Scientific Reports, 2021, 11(1): 12683.

[15] BRADLAUGH A, FEDELE G, MUNRO A L, et al. Essential elements of radical pair magnetosensitivity in *Drosophila*[J]. Nature, 2023, 615(7950): 111–116.

[16] MARTINS M J F, PUCKETT T M, LOCKWOOD R, et al. High male sexual investment as a driver of extinction in fossil ostracods[J]. Nature, 2018, 556(7701): 366–369.

[17] HUNG L W, NEUNER S, POLEPALLI J S, et al. Gating of social reward by oxytocin in the ventral tegmental area[J]. Science, 2017, 357(6358): 1406–1411.

[18] NAGASAWA M, MITSUI S, EN S, et al. Oxytocin-gaze positive loop and the coevolution of human-dog bonds[J]. Science, 2015, 348(6232): 333.

第7章

不积跬步无以至千里：
基因演化与遗传

　　每当打开相册，看自己小时候和父母小时候的照片时，总能发现极高的相似度。儿童的相貌受环境雕琢较少，更能展现出基因不变的一面。图7-1是作者的妻子和女儿一岁时的照片，她们的微笑如复印般精准。但是基因的作用绝不是复印机，没有任何改变的复制对于需要面对复杂环境变化的生物而言是一剂甜美的毒药。蛾子为了生存，将翅膀的颜色靠近环境颜色以隐藏自己，而为了欺骗捕食者，蛾子翅膀上的图案演化成与鸟粪相似，有些甚至具有三维立体感，惟妙惟肖，以此来恶心或者恐吓捕食者，从而存活。这些外形的改变都来自基因的变化。基因既要维持物种的一致性，又要创新求变，它是怎么做到的？我们本章来了解密码子、基因和染色体的演化方式。

图7-1　基因的不变——妈妈和女儿小时候的照片

真正的幕后推手：基因演化

演化的物质基础是什么？该物质自身又是如何演化的？早期研究进化的学者拉马克和达尔文都认为变异是进化的动力；奥古斯特·魏斯曼（August Weismann，1834—1914）的种质论（germ plasm theory）将变异来源归因于环境；雨果·德·弗里斯（Hugo de Vries，1848—1935）和托马斯·亨特·摩尔根（Thomas Hunt Morgan，1866—1945）明确了突变来自生物本身。直到遗传学大发展后才揭晓了变异的真正来源——基因变异。由于生物几乎所有的遗传信息都存在于DNA和RNA中，也包括了表观遗传学中认为的对遗传物质相关的修饰。因此，基因演化才是生物演化幕后的真正导演。

密码子及其演化

基因是产生一条多肽链或功能RNA所需的全部核苷酸序列。DNA中的碱基只有4种：A、T、C、G，其中A与T配对，C与G配对。RNA中U替换了T的作用与A配对。基因传递信息的方式遵循遗传学中心法则（genetic central dogma），基本路径为信息从DNA传递给RNA，再传递给蛋白质；RNA也会将信息传递给DNA，如图7-2所示。信息传递时使用密码子的形式，每三个碱基编码一种氨基酸。如果阅读者对上述描述没有任何理解障碍的话，那我们可以轻松地学习下述内容了。

图7-2　遗传学中心法则

● 密码子的作用

密码子是生命展现给人类最叹为观止的设计之一，就像电脑底层运行仅仅靠1和0一样，生命体使用4种碱基编码描绘出了复杂的生命蓝图。密码子使用相邻3个核苷酸代表1个氨基酸。为什么不使用1个核苷酸呢？ 1个碱基对应1个氨基酸，最多只有4种氨基酸，构成生命的主要氨基酸有20种，远远满足不了需求。如果2个碱基代表1个氨基酸的话，也只能有4×4种组合，还是有些氨基酸会被遗漏。因此下一个选择是3个碱基，就会有64（即4^3）种组合方式，不仅对应20种氨基酸绰绰有余，还能有足够的余量，使用多种组合对应一种氨基酸。如果选用4个碱基形成密码子，则可以有256（即4^4）种组合，相对于20而言似乎又过于冗余（见图7-3）。

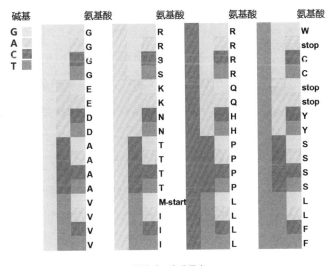

图7-3 密码子表

为何密码子被称为精妙设计呢？还是以计算机为例，虽然计算机的基础信号只有0和1，但是不同的指令集对于0和1的解释是不同的。这就带来不同系统间的兼容问题。但是现今所有的生命都使用一套密码子系统。大到鲸这样的庞然巨物，小到病毒这样的类生命体，都使用一套通用的密码，没有出现"苹果阵营""安卓阵营"和"鸿蒙阵营"的划分。在获得星云奖的科幻作品《湮灭》中，就描述了植物与动物基因的融合，鹿角上长出了美丽的花朵，成了真正的"梅花鹿"。其中依据的原理就是密码子的通用性。

密码子的三联设计也为其容错机制留有空间。决定密码子最主要的是前两个碱基，而第三位的碱基可以有一定的替换，并不影响编码的氨基酸。这种简并性使得碱基的突变也不会引起氨基酸的改变，为遗传密码的正确传递提供了设计上的保障。除此之外，防错机制还包括了摆动假说。转运RNA携带氨基酸，负责识别密码子并将氨基酸运送到氨基酸链上。转运RNA的第三位碱基有一定自由度，可以"摆动"，因而使某些tRNA可以识别一个以上的密码子，避免了氨基酸替代。还有更绝的，当第一个碱基发生变化的时候，往往会导致氨基酸的变化，但是有些时候，这些氨基酸结构功能类似，不会对最终的蛋白质功能带来影响。所以，生命准备了多套防错机制应对遗传物质的改变，大部分遗传物质的变异都不会对生命体产生影响，这也为"遗传漂变"学说奠定了基础。

● 密码子的演化

密码子是如何演化的？按照一般由简单到复杂的演化形式，密码子似乎应是从1个碱基编码，到2个碱基编码，再到3个碱基编码这样由简到繁的形式。这样的形式对于其他演化可能没有问题，生命积累微小的改变，最终发生巨大的变化。但是由1到3的过程对于密码子演化有致命

博 闻

20种组成人体蛋白质的氨基酸：甘氨酸（Gly，G）、丙氨酸（Ala，A）、缬氨酸（Val，V）、亮氨酸（Leu，L）、异亮氨酸（Ile，I）、苯丙氨酸（Phe，F）、色氨酸（Trp，W）、酪氨酸（Tyr，Y）、天冬氨酸（Asp，D）、天冬酰胺（Asn，N）、谷氨酸（Glu，E）、赖氨酸（Lys，K）、谷氨酰胺（Gln，Q）、甲硫氨酸（Met，M）、丝氨酸（Ser，S）、苏氨酸（Thr，T）、半胱氨酸（Cys，C）、脯氨酸（Pro，P）、组氨酸（His，H）、精氨酸（Arg，R）。

的缺陷。以计算机编码的二进制为例，一串数据
"0 1 1 1 0 1"，如果每 1 个编码都代表 1 个氨基酸，
那么氨基酸的序列为 "0 1 1 1 0 1"；如果每 2 个数
字代表 1 个氨基酸，那么氨基酸的序列为 "131"；
如果每 3 个数字代表 1 个氨基酸，那么氨基酸的序
列为 "35"。相同的序列传递下去，而密码子的位
数发生了变化，内容变得完全不一样。这样的操作
使得前期的积累变得毫无意义，换密码子的位数就
相当于换了操作系统，一切都要从头开始。因此，
科学家认为密码子从一开始就是 3 个碱基。当然，
在生命产生之初，也有可能存在过单碱基和双碱基
的密码子生命形式，后续由于环境适应能力差而没
有生存下来。而在决定密码子是几个碱基的生命
演化早期，绝大部分证据早已湮没。因此我们没有
机会观察到这些不同密码子的生物。

　　密码子确定后，密码子编码的演化顺序是怎样
的？由于遗传物质的保存时间较短，演化初期的遗
传物质几乎无法获取，因此解决这一问题的人不可
能是古生物学家。一位生物信息学者利用巧妙的
方法，算出了密码子演化的步骤。美国生物化学家
玛格丽特·戴霍夫（Margaret O. Dayhoff，1925—
1983）使用早期的计算机，对现存的密码子和转运
RNA 进行了分析，得到以下两点信息：① tRNA 的
祖先分子中 C、G 的含量约占 2/3 以上；② 甘氨酸
（GGC）、丙氨酸（GCC）、天冬氨酸（GAC）、缬氨酸

深思 7-1

假如进化之初只有 2 种
碱基或 6 种碱基，其编
码方式应该如何设计，
有什么优缺点？可以
大胆设想，符合逻辑，
创造一种计算机编码
的生命形式！

187

(GUC)这4种氨基酸是蛋白质含量最多的,也是米勒实验合成的。这些密码子共同的特点是G开头、C结尾。中间的碱基决定了氨基酸。GNC的形式中,N代表所有4个碱基。然后,第三位碱基发生变化,由C变为U,但由于简并性的存在,第三位碱基的变化不影响编码氨基酸的种类。随后,第一位碱基也发生了变化,由G变成了A,这导致编码氨基酸的数量扩大一倍,能编码8种氨基酸。第四步,最后一位碱基增加了A和G的选择,由于简并性,这两种碱基可以互换而不改变氨基酸,因此8种碱基进一步扩容到13种。到最后一步,第一位碱基也可以选任意碱基,密码子的演化彻底完成(见图7-4)。

密码名称	第一位碱基	第二位碱基				第三位碱基	蛋白质中氨基酸种类
		G	C	A	U		
(1) GNC	G	甘氨酸	丙氨酸	天冬氨酸	缬氨酸	C	4
(2) GNY	G	甘氨酸	丙氨酸	天冬氨酸	缬氨酸	C/U	4
(3) RNY	G	甘氨酸	丙氨酸	天冬氨酸	缬氨酸	C/U	8
	A	丝氨酸	苏氨酸	天冬酰胺	异亮氨酸	C/U	
(4) RNN	G	甘氨酸	丙氨酸	天冬氨酸	缬氨酸	C/U	13
		甘氨酸	丙氨酸	谷氨酸	缬氨酸	A/G	
	A	丝氨酸	苏氨酸	天冬酰胺	异亮氨酸	C/U	
		精氨酸	苏氨酸	赖氨酸	异亮甲硫	A/G	
(5) NNN	…	…	…	…	…	…	20

图7-4 密码子演化的过程

我们反复提及密码子与计算机的相似性,真的有科学家考虑将遗传物质变成"磁盘"进行存储。《科学》(Science)期刊提到的未来人类的125个科学问题,就包含"DNA能否用作信息存储的介质?"实际上科学家们已经做了大量的工作。其基本思路是将 0 和 1 表示的内容换成4个碱基来表示。存储时合成 DNA 序列,读取时测序 DNA 序列(见图7-5)。由于DNA的存储密度巨大,远超过现有的半导体存储介质。2020年全世界的数据是 44 ZB($4.4×10^{22}$字节),只要200千克DNA就足够了。2022年天津大学创新DNA

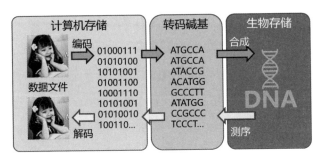

图7-5　基因存储示意图

存储算法，将敦煌壁画放到细胞中存储。只要
是能存入计算机里的信息，都可以放入DNA中
存储。

　　还有些科学家觉得4种碱基太少，便人工合成
了更多的碱基，并且将它们装配起来，也能形成类
似的DNA双螺旋结构。2019年，科学家开发了一
种"hachimoji DNA"，日语"hachi"代表8，"moji"
代表符号，就是有8个碱基的DNA。这也反映出碱
基本身的选取可能是自然演化中的一次偶然事件，
天将降大任于"超级四侠"[1]。

深思 7-2

**你认为DNA存储信息
有什么优点和缺点呢?**

基因演化的类型

　　基因演化可以分为4种类型：基因突变、重叠
基因、可变剪接和基因共享。

● 基因突变

　　突变是指DNA分子发生的突然的、可遗传
的变异现象。如图7-6所示，其包括了碱基的缺
失（少了G）、置换（G变成了A）、插入（G之前多
了T）、倒位（CA从后方移到了前方）、重复（GT出

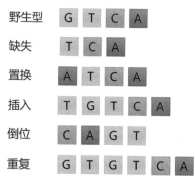

野生型　G T C A

缺失　　T C A

置换　　A T C A

插入　　T G T C A

倒位　　C A G T

重复　　G T G T C A

图7-6　基因突变的几种形式

现了两次)。很多因素会让基因的碱基发生改变，如电磁辐射(紫外线、X射线、γ射线等高能电磁波)、粒子辐射(中子射线、电子射线等)、化学物质(致癌化合物)、生物因素(病毒在宿主基因中的插入)等。为保持DNA信息不变，生物需要付出大量的努力，如精准的DNA复制系统、将DNA分子打包形成核小体稳定的结构、日夜工作的DNA修复系统等。生物就在这样的变与不变的博弈中前行。

对数据读取影响最小的是点突变，它的影响范围只限于所在密码子内。而缺失和插入则有可能造成后续密码子的完全改变。广为人知的单碱基突变病例有镰状细胞贫血病。因β-肽链第六位氨基酸谷氨酸(GAA编码)被缬氨酸(GTA编码)所代替，密码子中间的A突变为T，造成了红细胞由甜甜圈状变成了牛角面包状(镰刀状)。这种红细胞的携氧能力大打折扣，令患者出现贫血症状。但幸运的是，这种红细胞也令疟原虫产生了困扰，使得疟疾的罪魁祸首无法寄生于其中，从而协助患者避免了疟疾的侵害。一方面是贫血，一方面是疟疾，两者相害取其轻，这种变异因此得以保留而未被自然淘汰。

如果这个点突变发生在第三位，由A变成了G，那么所编码的氨基酸依然是谷氨酸，对于蛋白质和红细胞就不会产生任何影响了。同样是发生了点突变，能够改变编码氨基酸的称为错义突变，而没有影响编码氨基酸的称为同义突变。我们不妨用历史文化中的实例类比，帮助大家深入理解。

北宋政治家王安石在创作《泊船瓜洲》时，对"春风又绿江南岸"这一句反复斟酌，使用了"到""过""入"等表述。但终不如"绿"传神。实际上，如果把文字替换看作基因点突变，"绿"的使用固然是点睛之笔，但使用其他字时该诗句描绘的画面并没有改变,因此可以认为是"同义突变"。另一个故事也与王安石有关。据说当王安石被贬到一处任职,当地流传"明月当空叫,黄犬卧花心"的说法。王安石不得其意,便将其改为"明月当空照,黄犬卧花荫"。殊不知,在当地"明月"是一只鸟的别称,而"黄犬"则是一种蜜蜂的指代。王安石这次的"点突变",完全改变了原文原意,可以称为"错义突变"(见图7-7)。

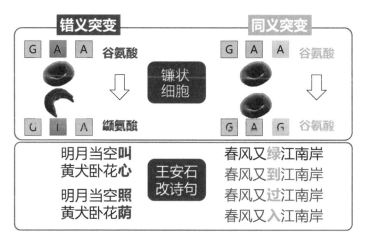

图7-7 镰状细胞贫血病的原因与王安石的一字改诗

基因突变好不好呢? 对个体而言,基因突变总带来致病的后果,甚至会导致个体死亡。如人类顽疾癌症就是正常细胞基因突变累积,导致细胞不受控制地增殖而产生的。现代医学并不能避免突变的产生,但是可以通过基因测序来判断是否存在潜在危险的基因。因主演电影《古墓丽影》成名的好莱坞红星安吉丽娜·朱莉(Angelina Jolie),为了避免高风险的家族遗传乳腺癌(医生估计她有87%的概率会患上乳腺癌),勇敢地进行了预防性双乳腺切除手术。2017年科学家对14 688名冰岛人的基因测序发现,父母年龄越大,子女产生新突变(*de novo* mutation)的概率越高。父系突变年增长数量是母系的4倍[2]。这从科学侧面证明尽早结婚是有道理的,这样可以减少后代基因突变,显然对于下一代的健康有利。

基因突变对**种群**而言却是有利的。众多突变基因中，可能会有适应新环境的基因保留下来，从而在种群后代中发挥作用。安吉丽娜·朱莉拥有美丽的蓝色眼睛，这一性状受到*OCA2-HERC2*基因控制，就是来自1 0000 ～ 6 000年前的黑海地区人类的基因变异。 还有能够维持低水平胆固醇的*PCSK9*基因、乳糖耐受的*MCM6*基因和艾滋病抗性的*CCR5*基因。这些基因突变增强了物种的环境适应性。由于基因逐年累月地累积突变，从而推动了物种的演化。还有许多基因的突变看不出对个体和种群的影响，如夜猫子基因——隐花色素生物钟基因*CRY1*，其发生突变的位置为一处A突变为C，造成了外显子在mRNA拼接过程中缺失。一项研究从6个家庭中的70个人的分析中发现，存在睡眠相位后移综合征的个体的*CRY1*基因有相同的突变。突变可能造成了其生物钟较晚，属于晚睡晚起的一类人[3]。

对微生物而言，基因突变则是其生存的必备选项。例如病毒为了躲避宿主免疫系统的捕杀，会使用快速变异的策略。相较于双链DNA的稳定性，单链RNA更容易发生碱基的改变。因此RNA类病毒往往是最难通过疫苗长期防御的病毒，如每年都会卷土重来的流感病毒，以及最近影响全球的新冠病毒。对于它们，变异是存活的必备技能。

深思 7-3

病毒的变异如此之快，那么我们怎样才能制造出更普适的疫苗？

● **重叠基因**

顾名思义，重叠基因是指DNA片段上多个可读框重叠构成的基因。该策略应用了类似"数据压缩"的技术，将重复的片段合并，避免造成碱基的浪费。可以推理一下，使用重叠基因的是哪些生物呢？对资源精打细算的使用，是单细胞微生物最需要执行的生存策略。在有限的基因组中，原核微生物没有真核微生物基因中的内含子(不参与表达成为蛋白质的基因序列)，编码基因还有可能重叠使用，并且从不同的方向阅读产生不同的蛋白质。如图7-8所示，DNA片段中的紫色部分可以出现在4个基因中，从不同的起点转录RNA，或从不同的方向转录RNA，形成了多个mRNA。

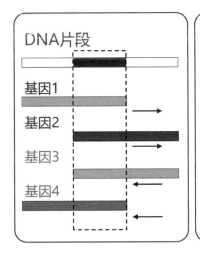
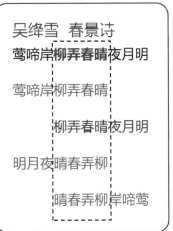

图7-8　重叠基因与回文诗

在运动发酵单胞菌的纤维素合成酶中，*ZMO1082* 与 *ZMO1083* 是重叠基因，共享24个碱基的区域。两者都有各自的起始密码子和终止密码子。然而，在突变株中，由于丢失了一个碱基，*ZMO1082* 的终止密码子发生了移码突变，不能终止该基因的转录，而这一移码，也让下游的 *ZMO1083* 得以完整地转录，最终形成了1082与1083融合的蛋白质[4]。

我们依然使用文学的例子去理解这一过程。明末浙江才女吴绛雪作《四时山水诗》中的春景诗只有短短10字（莺啼岸柳弄春晴夜月明），但如果采用重叠基因的策略，这10个字就能形成4句共28字的绝句"莺啼岸柳弄春晴，柳弄春晴夜月明。明月夜晴春弄柳，晴春弄柳岸啼莺。"诵读顺序先是正向前7字与后7字，然后颠倒顺序再使用前7字与后7字。剩下的"夏、秋、冬"也有此妙处。夏景诗为"香莲碧水动风凉夏日长"，秋景诗为"秋江楚雁宿沙洲浅水流"，冬景诗为"红炉透炭炙寒风御隆冬"。读者可自行解读。

重叠基因的好处简而言之就是节约，能够用最少的碱基编码较多的信息。在计算机软件当中，各种压缩软件就是使用的这种思想，而生物能否使用更多数据压缩的技巧，这会是一个有趣的话题。

• 可变剪接

可变剪接是指相同基因转录的RNA前体，剪接形成不同的mRNA。可变剪接涉及外显子和内含子的概念，这是一种更为高级的调控基因的方式，外显子（exon）是最后出现在成熟RNA中的基因序列。内含子（intron）是没有出现在成熟RNA中的基因序列。动物的 α-原肌球蛋白基因有13个外显子，若剪接利用外显子1、3、4、5、6、8、9、10、13，产物就是原肌球蛋白；若利用外显子1、2、4、5、6、7、9、10、11、12，则产物为肌钙蛋白T（见图7-

深思 7-4

重叠基因帮助低等微生物节省编码资源，但它的劣势是什么呢？

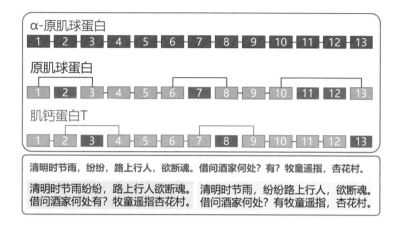

图7-9　可变剪接与诗词标点剪接

9）。可变剪接也是精简编码的示范，两个相近的蛋白质用一个基因就可以编码，只需要后续加工时有所舍弃和保留。继续以古诗词作类比。给出一段包含文字和标点的序列，如果按照每7个字保留标点的方式，就是唐朝诗人杜牧的《清明》"清明时节雨纷纷，路上行人欲断魂。借问酒家何处有？牧童遥指杏花村。"若将其重新拆分，不需要动任何一个字，只是换换标点，就能变成一首词"清明时节雨，纷纷路上行人，欲断魂。借问酒家何处？有牧童遥指，杏花村。"

内含子使基因中出现大量不编码蛋白质的片段，看似是对编码碱基的浪费，与细菌中重叠基因的思路背道而驰。然而，由于真核细胞的复杂度升高，尤其是多细胞生物生长发育的复杂度上升，基因中需要有专门的片段用于存储调控基因表达的信息，因此虽然人体内有大量作用不明的基因，但我们应该知道的是，这些才是了解生物奥秘的可挖掘宝藏。

● 基因共享

基因共享是一种直接基因编码产物的再利用，基因及其产物保持原有功能，但被用于其他方面。基因共享有可能是由组织特异性或发育时序调控系统的改变造成的。鸟类和鳄鱼的 ε -眼晶体蛋白与乳酸脱氢酶B4的氨基酸序

列相同，且具有相同的乳酸脱氢酶活性。这"两种"蛋白质实际上是由同一个基因编码的同一种蛋白质。这种拿来主义在生物演化中并没有什么不妥，当一个蛋白质可以用于多种功能时，生物演化中没有任何理由拒绝这样的共享。同样以古诗作类比，毛泽东的名句"天若有情天亦老，人间正道是沧桑。"也是借用李贺的"衰兰送客咸阳道，天若有情天亦老。"起到了非常好的表达效果。

通过研究基因演化的过程，人类可以利用突变的差异大小绘制出生物演化的图谱，该方法得到的结果比观察对比现有生物和远古生物化石得到的结论更有说服力。除此之外，人类已经掌握了基因编辑的工具，可人为制造突变或者进行基因的重叠、剪接和共享，并已迫不及待地在动物、植物、微生物中进行了改造，如含维生素A的黄金大米、自带抗虫基因的棉花与玉米、具有荧光蛋白可以自发光的植物。但迄今为止，与自然中的基因演化相比较，人类的想象力仍然贫瘠，只要看一看现存的各种生物及其繁杂的结构形态和行为表现，我们不难得出一个结论：自然的基因演化远比人类发明的转基因技术更有创造力！

大刀阔斧的改变：染色体演化

如果说基因演化是细枝末节的变化，那么自然界中有没有更快速、更巨大的改变方式呢？有性生殖就是一种，每一次成功的有性生殖，都会让后代获得机会来改变自身50%的基因。除此之外呢？回想一下你对电脑文件的整理，当文件量少的时候，只要放到桌面就能很好地管理与使用。但是当文件数量越来越多时，文件夹就变得十分必要，通过文件夹来分门别类，就能够快速找到想要的文件。文件夹还使复制转移文件变得简单，复制或转移一个文件夹就意味着复制和转移里面所有的文件。现在，我们可以把基因类比为电脑数据文件，染色体就是打包很多基因的文件夹。

染色体演化类型

染色体（chromosome）是真核细胞在有丝分裂或减数分裂时DNA存在的特定形式，由染色质纤维螺旋缠绕、逐渐缩短变粗而形成。细胞核内，DNA紧密卷绕在称为组蛋白的蛋白质周围，并被包装成一个线状结构。1879年德国生物学家华尔瑟·弗莱明（Walther Flemming, 1843—1905）把细胞核中的丝状和粒状的物质用染料染红，观察发现这些物质平时散漫地分布在细胞核中，当细胞分裂时，散漫的染色物体便浓缩，形成一定数目和一定形状的条状物，到分裂完成时，条状物又疏松为散漫状。1888年其正式被命名为染色体。

托马斯·亨特·摩尔根（Thomas Hunt Morgan, 1866—1945）是美国进化生物学家、遗传学家和胚胎学家。他发现了染色体的遗传机制，创立了染色体遗传理论。由于发现染色体在遗传中的作用，他于1933年赢得了诺贝尔生理学或医学奖。人类染色体的数量是由西奥菲勒斯·佩恩特在1923年发表的。通过显微镜观察，他数出了24对，这意味着48条染色体。他的错误被其他人复制，直到1956年，真正的数字46才由细胞遗传学家、印度尼西亚出生的华人蒋有兴（Joe Hin Tjio, 1919—2001）确定。在显微镜技术落后的过去，观察并

准确计数染色体也是一项极具挑战性的工作。

● **染色体的特点**

一条长绳如何方便携带？答案是绕成线团。否则长线会胡乱缠绕，打成死结，成为一团乱麻。DNA长链也面临着这样的问题。不仅如此，卷好的DNA还要随时能够在需要的地方局部打开，抽出那一段DNA从而进行转录。这好比在线团中找出特定长度处的某段绳子，在上面进行加工后再放回线团中。显然，线团模型已经不能胜任这样复杂的任务了。真核细胞中，DNA缠绕在组蛋白形成的八聚体上，形成核小体结构，每个核小体由146 bp的DNA缠绕1.75圈形成。核小体间通过约50 bp的DNA相连。扁平的核小体使DNA的长度压缩到原来的1/7，而核小体继续螺旋状排列成纤丝状，进一步将DNA的长度压缩到了1/40。纤丝状可进一步卷曲成常染色体，此时DNA的长度压缩到了1/1 000。当细胞减数分裂时，压缩更是达到了1/8 400。DNA通过逐级压缩，令基因可以有序存储。

● **染色体的演化**

染色体的演化与基因演化相比，可谓是大刀阔斧。如图7-10所示，有些基因不见了，属于"缺失"；有些基因出现加长或多个副本，称为"重复"；有些基因读取方向发生变化，称为"倒位"；有些基因从一条染色体转移到另一条染色体上，称为"易位"。

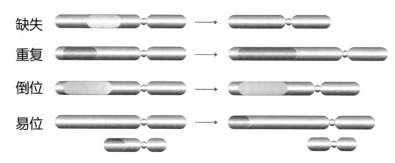

图7-10　染色体变异的几种方式

　　染色体的几种变异方式都涉及了DNA长链的断裂和重接。对于生命而言，DNA的断裂是致命的威胁。自然界中生命力最强的生物是水熊虫，能在干旱环境中进入低湿隐生状态，就像脱水的干尸，将生命的流动固定。当环境条件好转后，水熊虫又能通过获取水分获得生机。这个剧情看起来是不是特别眼熟？这就是《三体》小说中三体人应对环境变化的方式。蛭形轮虫拥有类似的特异功能，也可以在生命的任何阶段脱水进入生死不明的僵尸态。然而脱水策略并非完美的法宝，脱水会造成DNA长链的断裂，对于生命更凶险。但蛭形轮虫拥有令人惊讶的DNA修复功能，能将断裂的DNA重新拼接起来，虽然不保证100%复原，但其能令此胡乱拼接的DNA链重新投入工作。像蛭形轮虫这样的"染色体的操盘手"因此获得了不死之身。

● **获得性遗传与表观遗传学**

　　染色体的演化不仅表现在DNA序列的改变上，还表现在基因表达的调控上。表观遗传学是研究非DNA序列改变所引起的可遗传的表型变化。涉及DNA甲基化、组蛋白修饰、核小体重塑和RNA介导的靶向调控等。个体基因沉默或激活的变化，可以传递给后代，而这些信息的传递并非仅仅依靠基因序列。表观遗传学中信息的传递也可称为"获得性遗传"。没错，就是拉马克学说中关于长颈鹿脖子由来的故事，每个个体努力伸长脖子去吃高处的树叶，伸长脖子的性状可以传递给后代，后代进一步伸长，以致长颈鹿的脖子越来越长。

　　随着人们对演化认知的扩展和加深，获得性遗传也逐渐被广泛接受。在微生物中，"获得性"的情景很常见，微生物通过获取同种甚至跨物种的质粒从而获得特殊能力，例如微生物对于某种抗生素的耐受性。这也是为什么实验室研究的微生物不能随便排到环境中的原因，因为人为设计的具有抗生素耐受性基因的质粒可以在环境中被其他微生物所获取，造成人类无抗生素可用的问题。此外，近些年快速发展的CRISPR-Cas9基因编辑技术的本质也是一种获得性遗传。亲本微生物将侵袭过自身的噬菌体基因片段整合到基因组中的CRISPR上，并传递给后代。当后代受到相同噬菌体进攻时，能够快速调用遗传下来的噬菌体片段，合成相应的RNA指导Cas9蛋白识别病毒并将其DNA切断，将危机消灭于初期，从而达到"获得性免疫"的保护效果。

多细胞生物的基因获取没有单细胞那么方便。作为真核细胞，保护好自身的遗传物质不受外部干扰尤为重要。因此真核细胞比原核细胞多了一层核膜的保护。但是在2021年的研究中，科学家们发现了植物中的基因通过"基因水平转移"（HGT）进入了植物害虫烟粉虱（*Bemisia tabaci*）的基因组中。这种植物基因*BtPMaT1*编码酚糖丙二酰基转移酶，能够分解植物中具有毒性的酚糖类物质。植物利用该基因分解多余的酚糖，防止有毒分子的积累。烟粉虱拥有该基因后就可以躲避这种植物毒素[5]。基因水平转移如何实现？难道像奇幻电影中的超能力，"吞噬"其他生物就能获得对方的能力？烟粉虱不仅本身损害植物，其体内也含有多种植物病毒，可能是病毒扮演了"媒婆"的角色，从中牵线，利用病毒可将遗传物质整合到宿主染色体中的能力，实现真核细胞的跨物种基因转移。

特殊染色体

包含人类在内的高等多细胞动物的染色体都是成对存在的，这是针对有性生殖减数分裂的方式而设定的。偶数对的染色体有利于平均拆分遗传物质，保证后代与亲代的遗传物质的数量恒定。但染色体真的必须要成对存在吗？

● 数目的演化

正如上文所言，成对存在的染色体是为了满足配子细胞结合后，染色体数量不发生变化。对于非有性生殖的物种，染色体没有必要成对存在。

若物种不需要配子结合这一过程，那染色体数目可以有更多的选择。例如人工培育的三倍体西瓜，由于奇数倍性，生物体在形成配子的过程中无法等分遗传物质，因此干脆"躺平"不分了，导致无法正常形成种子，变成了"无籽"西瓜。香蕉是三倍体，马铃薯是四倍体。生物体内细胞染色体组数达到3组或3组以上者，称为多倍体。多倍体的形成往往受到环境的影响，在自然条件下，受到机械损伤、射线辐射、温度骤变及其他一些化学因素的刺激，都可以使植物的染色体加倍，形成多倍体种群。由于多倍体物种的基因数量多，经常会表现出长得快和长得大的表型，这对于农牧业是绝对的利好消息。

为什么植物当中多倍体的情况更为普遍呢？是由于植物可以灵活地选择繁殖的方式，绕开有性繁殖而进行无性繁殖，从而能将多倍体的性状保留下来。动物中有没有多倍体呢？按照植物多倍体的思路，那些能无性繁殖的动物有成为多倍体的潜力。大理石纹螯虾是第一个被人们认知可以进行孤雌生殖的螯虾。它具有3组染色体，每一只螯虾均是雌性，都可以产出基因与自己一模一样的后代。此外，三倍体身份使大理石纹螯虾个头大、生长快、繁殖能力强，最早成为人类鱼缸中的宠物。然而，由于不负责任的丢弃，这种螯虾迅速黑化为环境入侵物种，占据了欧洲部分国家、日本和马达加斯加，影响了土著生物的生存，变成了令当地人头疼的入侵物种[6]。也许有人认为螯虾就是小龙虾，为什么不引入中国把它们吃光呢？实际上没有任何一种入侵生物的问题能靠人类吃的方式解决。自然界中的入侵物种难以捕捉和收集，成本巨大，

深思 7-5

在无性繁殖的微生物中，还有染色体存在吗？如果有的话，为什么呢？

博　闻

孤雌生殖
parthenogenesis

也称单性生殖，即卵不经过受精也能发育成正常的新个体。孤雌生殖现象是一种普遍存在于一些较原始动物种类身上的生殖现象。简单来说就是生物不需要雄性个体，单独的雌性也可以通过复制自身的DNA进行繁殖。

品质难以控制。而我们平时吃的小龙虾主要来自规模化的人工养殖。

　　沙原鞭尾蜥是一种三倍体脊椎动物,所有个体都是雌性,进行孤雌生殖。有趣的是,本能驱使沙原鞭尾蜥执行交配的仪式,交配时两只雌蜥进行角色扮演,模仿一雌一雄完成交配仪式。但双方并没有真的交换配子——三倍体生物无法通过减数分裂产生配子。没有基因交流的个体各自产卵,生出了与自己基因相同的后代。因此,沙原鞭尾蜥的多倍体化应该是来自一次偶然的基因传递的失误,她们的祖先是熟悉有性生殖过程的。

　　钩盲蛇是另一种三倍体脊椎生物,体细胞内有3组共42条染色体。钩盲蛇卵细胞形成前,染色体数量加倍。卵子可以完成卵裂及发育。钩盲蛇种群全部由雌性构成,每次可产卵2～8枚,一年可繁殖多次。在合适的环境里,只要有一条钩盲蛇,就可以繁殖出一个新的种群。蛇类是脊椎动物中孤雌生殖的大户,目前已有数十种蛇类被证实具备兼性孤雌生殖能力,种类遍及蛇类中的各个演化枝,例如蟒科的缅甸蟒(*Python bivittatus*)、瘰鳞蛇科的阿拉弗拉瘰鳞蛇(*Acrochordus arafurae*)、蝰科的铜头蝮(*Agkistrodon contortrix*)及水游蛇科的几种束带蛇(*Thamnophis sirtails*)等。

　　孤雌生殖是快速建立种群的绝妙办法,但单调的遗传多样性导致其应对环境变化的能力较弱,长远来看并非良策。庞大的种群有可能在某次轻微的环境变化中就灰飞烟灭。"其兴也勃焉,其亡也忽焉"。但多倍体生物,如沙原鞭尾蜥有3组DNA,2组来自母亲,一组来自其他种的父亲。任何基因都有3个稍显不同的版本,也能赋予该物种个体的多样性,抵御环境对其的影响。

　　那人类能否进行孤雌生殖呢? 如果可以的话,那么在派往其他星球的飞船上只需要一人就可以繁衍后代了。虽然故事中出现过人类孤雌生殖的例子,如在《西游记》中的女儿国中,女子繁衍后代只需喝子母河的水。还有《圣经》中的圣母玛利亚自行诞下了耶稣。但是在现有的医学报道中,人类还未有孤雌生殖的案例出现。如何科学地判断是否属于孤雌生殖呢？快速判别法：由于遗传物质完全相同，母亲生下来的一定是女儿。严谨判别法：使用基因测序技术，精准地对比母女基因是否完全相同，存不存在外来基因的干扰。

除了孤雌生殖带来的特殊优势，染色体的倍性在一些物种中担任区分社会功能的作用。例如，在蜜蜂的社会结构中，蜂王和工蜂都是二倍体，而雄蜂仅有一套染色体，直接由未受精的卵发育而来。

整套染色体数量的改变对物种生存影响巨大，往往是致死的，因此现存的多倍体动物非常少见。单个染色体数量的改变对生物的致死性较低，因此相对常见，但单个染色体数量的变化也会对生物个体带来巨大的影响。人类染色体数目异常或结构畸变有10 000多种，已经描述过的综合征有100多种。人众较为熟知的唐氏综合征就是由于21号染色体的数量变成了3条，导致患儿智力低下，因此称为21-三体综合征。世界唐氏综合征日也定在了每年的3月21日。根据医学统计数据，年龄大于35岁的妊娠妇女所生的后代患唐氏综合征的可能性大幅度上升，这也是为何结婚生孩要早的另一个生物学原因。

● **染色体功能的演化**

演化中染色体的分工变得明确，如出现了专门负责决定性别的染色体——人类的性染色体，就是常说的XY染色体。但是有些科普绘图把Y染色体简单地变成了字母Y的形状。实际上，Y染色体是X染色体的删减版。而X染色体的外形则是染色体们的通用样子。我们知道XX染色体的组合是女性，XY染色体的组合是男性。但性染色体数量发生畸变后会出现多个X或多个Y的组合，这样个体就会出现性别的混乱表现。

人们早已知道决定性别的不是染色体，而是性染色体上的特定基因。哺乳动物Y染色体上的性别决定基因编码性别决定区域Y蛋白（SRY），也叫作睾丸决定因子（TDF），该蛋白会影响睾丸等雄性生殖器的形成。当人类胚胎发育到第6周之前，它们均具有发育成任意性别的潜力。对于男性胚胎，他

深思 7-6

查阅资料，X、XXY、XYY、XXX基因型的染色体异常综合征分别有什么样的表现？为什么没有Y单色体基因型的人类存在？这说明了什么？

们体内的SRY会上调*SOXE*基因的表达，特别是*SOX9*基因（即表达SOX9蛋白），进而激发一系列促使睾丸发育的生理过程，同时抑制女性性腺的发育。而女性胚胎由于缺乏*SRY*基因，体内会激活一些能够促进卵巢发育的信号通路，例如由WNT4蛋白和RSPO1蛋白维持下游的β-环形蛋白的稳定，后者能刺激卵巢的发育；此外，FOXL2蛋白能通过激活另一条信号通路，促进卵巢的发育和形成。但是某些疾病会影响发育过程，如肾母细胞瘤1基因会促进*SOX9*基因，同时抑制*FOXL2*基因，使个体男性化[7]。

人类的性别由什么决定既可以是个生物学问题，也可以是个社会学问题。本书中我们仅从染色体的角度来展开科学地探讨。

前沿瞭望　性别造成个体差异的巨大区别不仅仅是外形，还决定了寿命！可以在微信公众号"生态与演化"中搜索阅读《果蝇：要想活得久，就得丢Y走》中的研究进展。

"深思"提示 ▶ 深思7-1

可以从碱基使用量、编码长度、编码可靠性、容错率等方面思考。

▶ 深思 7-2

优点：存储密度高，保存时间久，保密性强，便携等。

缺点：DNA复制可能存在突变，解码时也可能存在DNA测序错误，导致信息的偏差；目前信息的写入和读取分别依赖DNA合成仪和测序仪，过程相对复杂，更适合无频繁读取需求的"冷"信息的存储。

▶ 深思 7-3

寻找病毒的保守位点，减少变异带来的病毒疫苗失效。

▶ 深思 7-4

① 变异影响很大，会影响多个基因。② 调控困难，灵活度较低。

▶ 深思 7-5

细菌没有染色体，甚至没有细胞核，只有一个染色质聚集区域称为拟核；而真核微生物真菌是有染色体的，在恶劣环境下可以进行有性生殖。

▶ 深思 7-6

Y染色体是一种残缺的染色体，仅有Y染色体的个体会缺失X染色体上的多个基因。

参考文献

[1] HOSHIKA S, LEAL N A, KIM M J, et al. Hachimoji DNA and RNA：a genetic system with eight building blocks[J]. Science, 2019, 363(6429): 884–887.

[2] JÓNSSON H, SULEM P, KEHR B, et al. Parental influence on human germline de novo mutations in 1 548 trios from Iceland[J]. Nature, 2017, 549(7673): 519–522.

[3] PATKE A, MURPHY P J, ONAT O E, et al. Mutation of the human circadian clock gene CRY1 in familial delayed sleep phase disorder[J]. Cell, 2017, 169(2): 203–215.

[4] XIA J, LIU C G, ZHAO X Q, et al. Contribution of cellulose synthesis, formation of fibrils and their entanglement to the self-flocculation of *Zymomonas mobilis* [J]. Biotechnology and Bioengineering, 2018,

115(11): 2714–2725.

[5] XIA J, GUO Z, YANG Z, et al. Whitefly hijacks a plant detoxification gene that neutralizes plant toxins[J]. Cell, 2021, 184(7): 1693–1705.

[6] GUTEKUNST J, ANDRIANTSOA R, FALCKFNHAYN C, et al. Clonal genome evolution and rapid invasive spread of the marbled crayfish[J]. Nature Ecology & Evolution, 2018, 2(3): 567–573.

[7] EOZENOU C, GONEN N, TOUZON M S, et al. Testis formation in XX individuals resulting from novel pathogenic variants in Wilms' tumor 1 (WT1) gene[J]. Proceedings of the National Academy of Sciences, 2020, 117(24): 13680–13688.

第8章

熙熙攘攘皆为利来往：
宏观演化与灭绝

毛泽东曾说过："多少事，从来急；天地转，光阴迫。一万年太久，只争朝夕。"鼓励我们珍惜大好时光。而在漫长的进化史中，"万年"只是计数的基本单位。如果把地球的46亿年看作一天的话（见图8-1），直到午夜前最后6分钟，人类祖先才登上了历史舞台。如果按照现代人类出现了1万年计算，人类出现的时间仅为这一天中的0.2秒。宏观进化论主要研究长时期的进化过程。

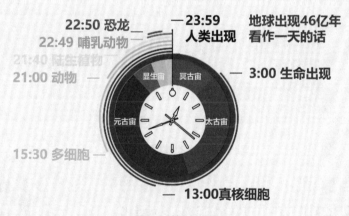

图8-1 地球时间线

退化也是一种进化：宏观演化

20世纪40年代，美国遗传学家哥德施密特（R. B. Goldschmidt）提出了宏观进化（macro evolution）的概念。宏观进化是指种以上的高级分类在长时间段内的变化过程。与之对应的是微观进化。二者在研究对象的范围（种以上类/物种范围）、关注时间长短（地质时间/物种代际）、变化程度（巨大变化/微小突变）和研究工具（化石解剖/遗传物质）等方面是截然不同的（见图8-2）。哥德施密特认为达尔文理论中通过自然选择积累的微小变异，只能在物种范围内进行，属于微观进化。对于整个生命史具有决定意义的是宏观进化。微观进化又是宏观进化的基础，二者是相辅相成的。上一章我们关注了微观遗传物质的进化，本章重点讲述宏观进化的故事。

图8-2 宏观进化与微观进化的对比

宏观进化的分类

宏观进化按照"方向"可以分为3类：复式进化、特化式进化和简化式进化（见图8-3）。这里所谓的"方向"只是象征意义的，你会发现，自然实际上是个开明的家长，孩子们怎么发展都可以，并没有设计好的"方向"，这只是人们为了理解而进行的主观分类。

● 复式进化

也称全面进化或上升进化，是生物体形态、结

图8-3 宏观进化的类型

构和生理机能的全面复杂化、高级化。整个生命演
化的大趋势就是复式进化，如从多细胞无脊椎动物
到脊椎动物，一路走来身体机能逐渐增强，后续又
在神经技能上进化，到现在成为可以理解这个世界
的智能生物。复式进化的过程就是一部励志电影。
还有很多游戏也根据进化概念而开发，这种打怪升
级的即视感非常吸引玩家。

当聚焦到生物具体的器官时，难免会让人怀疑
是否真有超自然工程师的存在。以脊椎动物的心
脏为例，鱼类的心脏只负责让血液流动起来，只有
一套循环路线；两栖动物的两心房一心室已经能
够初步区分开两套循环路线；爬行动物的两心房
两心室则让这两套循环路线互不干扰；哺乳动物
的两心房两心室加完善的瓣膜系统，让血液循环不
仅仅是流动起来那么简单，更有了精确的流向和流
速控制。

深思 8-1

脊椎的出现是动物进
化的一大步，它使动物
的运动能力有了质的飞
跃。但是无脊椎动物也
在默默进化，请举例无
脊椎动物为了提高运动
性而进化出的结构。

● **特化式进化**

大众了解的进化案例往往是复式进化，因为
它的命名与"进步"最为贴切。而宏观进化的事例
中，特化式进化的表现形式更为多样。特化式进化
也称特异适应，指生物出现多方向分化（见图8-4），
但并没有质的提高。例如棕熊与北极熊，它们之间
的关系更像兄弟而非父子，显然不符合复式进化的
定义。它们是由一个祖先物种为适应不同的环境，
向着两个或两个以上方向发展进化来的。这种特

图8-4　特化式进化的分类

化式进化称为趋异（又称分歧）。回忆一下平时长得像却是不同的物种，如亚洲象和非洲象，都可以划分为趋异这一类。趋异能不能逆转呢？你需要对自然进化的创造力抱有信心。有研究指出，全球变暖可能让北极熊与棕熊的接触更加频繁，从而交配诞下"混血熊"，最终产生新的熊种。

　　趋异不仅仅分两种，还会有多种形式，比如达尔文在科隆群岛上观测到的鸟类，喙的形态千差万别，都是趋异的表现形式。如果将趋异进行到底，时间继续延长，不同物种间的差别由于生活环境的差异越来越大，那么趋异将变成另一种形式——辐射。辐射是指由共同祖先物种进化产生各种不同的新物种，以适应不同的环境或生态位，形成同源的辐射状进化系统。比如哺乳动物的祖先，在恐龙时代"低调谨慎"，为躲避"强者"只能昼伏夜出，因此外形大部分像地鼠。恐龙时代结束后，丰富的生态位为哺乳动物进化提供了广阔平台，因此蝙蝠在天空飞翔，鲸豚在海洋畅游，鹿群在草原奔跑，猿猴在森林跳跃。哺乳动物向着差异巨大的不同外形进化着，所展现的样子用辐射形容最为贴切。

　　趋异和辐射的特点都是有共同的祖先，两者没有本质上的不同，都是进化带来的形态变化。如果一个祖先先发生趋异，然后又辐射进化，这样的进化方式应该如何称呼呢？可以称为平行，即源于一个共同的祖先，但后来为适应不同条件产生趋异，之后又遇到相同条件，产生了对相似环境的相同适应，趋异后的物种踏上了相似的进化道路。澳大利亚的有袋类动物，与其他大陆上的胎盘动物有共同的祖先，但是澳大利亚的隔离使二者走上了不同的道路。在相似的环境中，生物进化出类似的体形。

还有一种特化式进化的形式称为趋同，那就是不同种的生物在相同的环境中，在同样的选择压力下，有可能产生功能相同或十分相似的形态结构。但它的本质与平行是一样的，即在相似环境下进化出相似的形态结构，但却没有较近的亲源。如果较真而言，所有生物都是一家，因此趋同和平行的界限往往不那么明晰。趋同相对而言包含的物种范围更大，如海洋中的鱼类、爬行类鱼龙、哺乳类海豚都进化出梭形身体，这种设计显然有利于降低游动时的阻力。而鸟类、爬行类翼龙、鱼类飞鱼、哺乳类蝙蝠都进化出了翅膀，用于驾驭空气从而飞翔。这些进化模板被自然界反复选中，成为经得起时间考验的经典设计。

- **简化式进化**

看到这里，故事变得有趣了，不同于复式进化超级宏观的叙事风格，也不同于特化式进化一上来就要"寻亲认祖"（确认共同祖先）和自然设定的固有模式（平行和趋同），简化式进化的故事更丰富多彩。简化式进化也称退化，指生物由复杂结构转变

深思 8-2

根据平行的原理，与狼、老鼠、熊相对应的澳大利亚动物是哪些？

为简单结构的进化方式。我们不得不佩服语言的精妙,将"退化"表述为"简化式进化",与将"下降"称为"负增长",将"减肥"称为"瘦身"一样,既保证了进化一词的前进感,又婉转地指明了方向。但实际上这样的操作大可不必,大家是否记得第1章中"evolution"的原本含义,源自拉丁文"evolvere",有展开的含义,并没有刻意强调方向。好和坏包含着人类的价值判断,而演化的过程无所谓好坏,生存下来的都是最适应环境的演化产物。而无论生物结构因环境变得复杂还是简单,这都是自然选择的合理结果。

众所熟知的简化式进化案例是营寄生生活的寄生生物,如动物蛔虫、植物菟丝子等。这些生物退化掉了某些身体部分,如蛔虫不需要消化系统和运动系统,菟丝子不需要根和叶。此外,还有一些自食其力的生物,出于某些需要也退化掉了器官。比如人丢掉了"尾巴",更有甚者,有的生物连辛苦进化出来的大脑都丢掉了!

我们一起来认识一下海鞘[见图8-5(a)],它是尾索动物的典型代表,属于脊索动物门,其脊索仅在尾部,终生保存或仅见于幼体。海鞘小的时候形似蝌蚪,有原始的神经系统和眼睛,利用这套寻找光明的系统开始了短暂的奋斗之路。大约几小时后,幼体找到了合适的位置,就立刻开启了"宅"的特质,

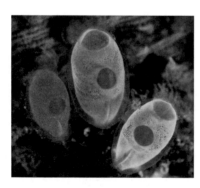

(a)海鞘

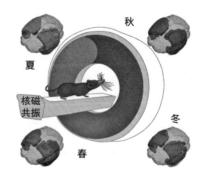

(b)伊特鲁里亚鼩鼱的大脑感觉皮层

图8-5　吃自己脑子的生物

把自己固定在物体表面便不再移动了！接下来，既然决定要"躺平"了，海鞘又干了一件败家大事，把进化提供给它的高级装备——神经系统，吃掉了！当然，不是吃东西那样吃，海鞘把自己的脑重新吸收掉。从此，海鞘看上去一点都没有"高级感"了，就像海绵一样靠着"老天"赏饭简简单单地过日子。

吃脑子不仅仅是恐怖片的设定，也不是低等脊索动物才会有的行为。科学家发现哺乳动物居然也可以自由地操纵自己大脑的大小！最小的陆生哺乳动物伊特鲁里亚駒鼱（*Suncus etruscus*）为了在冬天节省能量，它可以收缩自己大脑的感觉皮层（这里处理胡须的感觉信息）[见图 8-5（b）]。到了第二年夏天，这些神经元又重新生长 [1]。对体重轻于一张扑克牌的小型哺乳动物而言，能量的经济使用对于存活极为重要，而脑部又是"耗能大户"，因此为了整体的生存，牺牲大脑似乎也无可厚非。但"吃大脑"的例子确实不多，因为哺乳动物在能量开源节流的选择上，已经有了更好的策略，比如驼峰、熊掌和我们人类厚厚的脂肪层。駒鼱给人最大的启发是，原来大脑是可以自由改变大小的！

以人类的眼光，丢掉或缩减神经系统是愚蠢的行为，因为人类是靠神经系统才登上了现在的进化高位。但是自然演化却一次次地刷新我们的认知，仿佛说"你认为重要的，我不在意"。我们之前说过的眼睛，就是达尔文认为最精妙的器官，同样也被各种长眼睛的生物所抛弃。钩盲蛇长期生活在地下，它的眼睛逐渐成为一对不具成像能力的黑点隐于鳞下。还有很多生活在洞穴中的生物如鱼类，它们的眼睛会在物种传代的较短的地质时间内发生简化式进化，变成"盲鱼"。有趣的是，在胚胎发育过程中，这些无眼生物的眼睛还是会正常生长出来，但是变成成体之后就被身体吸收掉了。虽然是高端的"装备"，但是在生活中如不能发挥功能，自然演化也会毫不犹豫地将其淘汰掉。用就保留，不用就扔掉。

简化式进化像一把奥卡姆剃刀，在复式和特化式进化产生越来越复杂生命的大背景下，坚持了一份独特。鮟鱇鱼长相凶残，身居海底，暗无天日的环境让它头上的发光体可以作为极佳的诱饵，但却让它们谈恋爱成为难题。因此雄鮟鱇鱼穷则思变，采用了不走寻常路的追求攻势——耍赖，雌鱼沾上就甩不掉。具体怎么操作呢？一旦雄性发现了雌性，它便会用牙齿紧紧地锁住雌性的腹部，然后整个身子颠倒过来。之后二者的生理组织开始相互融合，甚至是两套循环系统进行连接。融合之后，雄性会变成雌性的一部分，并且永久依赖雌性的血液系统运输养分。雄性的运动系统、消化系统、神经系统等通通被吸收掉，只留下生殖系统完成最终的传宗接代的任务。雌性鮟鱇鱼实际上在配偶的选择上没有任何余地。一些雌性甚至会成为多个雄性的宿主，有时会携带多达8条雄性。

深思 8-3

鮟鱇鱼的这种行为能称为寄生吗？

为什么类似寄生的行为在生物界并不常见？尽管是同一物种，不同个体间依然存在免疫的壁垒，也就是说不同个体的细胞和组织会受到免疫系统的攻击。这就是为什么器官移植需要抑制器官接受者的免疫系统活性，防止移植器官遭受免疫细胞的攻击，造成移植失败。为什么鮟鱇鱼的循环系统可以连接，而不会产生排异反应？ 2020年的一项研究揭示了其中的奥秘：鮟鱇鱼的基因突变导致免疫系统可以有更大宽容度，接纳其他个体与自身细胞共同生存的现状。与配偶融合的鮟鱇鱼的基因组中，与获得性免疫有关的关键基因主要组织相容性复合体（major histocompatibility complex，

MHC）发生了变异，使鲛鳒鱼缺乏获得性免疫。MHC存在于大部分脊椎动物基因组中，是免疫系统区分本身和异体的基础[2]。如果鱼能做到，人类器官移植是否也可以利用这个原理？

宏观演化展现出了一幅巨大的生物演化的画卷，整体而言，物种形态功能的改变由低级到高级，由简单到复杂。复式进化所展现的是历史巨轮滚滚向前不可阻挡；特化式进化则是巨轮激起的浪花向两侧扩展，在海面画出了巨大的锥形图案；而简化式进化聚焦到小的浪花，每一朵都各不相同，有些甚至与巨轮前进的方向相背。然而巨轮总是一直匀速向前吗？有没有停下来或转向呢？搞清楚这些原理当然也是研究宏观演化的任务所在。

深思 8-4

试着将以下左侧的进化现象与右侧的进化分类用线连接起来。

人类的尾巴消失。	复式
人类和海豚都具有大容量大脑。	特化式-分歧
人类和黑猩猩都会使用工具。	特化式-辐射
非洲智人和尼安德特人的体型区别。	特化式-趋同
灵长类由小体型祖先发展成多种形态。	特化式-平行
人类的呼吸系统从鱼鳃而来。	简化式

宏观进化类型

进化的速度是均匀的吗？这个看似庞大的问题其实经过简单推理就能得到答案。我们先来回答"环境变化的速度是均匀的吗？"如果环境变化是突然的，那么匀速进化就代表着生物不能迅速适应环境，难逃灭绝的命运。如果环境变化是匀速的，或者长时间保持不变，那么生物的进化就可以匀速发生。

• 进化的速度

宏观进化形式是一组线系进化、物种形成和灭绝过程所表现出的谱系特征。对宏观进化形式有两种不同的认识，一类是达尔文学说和现代综合进化论所主张的渐变型，另一类是古尔德（Stephen Jay Gould, 1941—2002）和埃尔德里奇（Niles Eldredge, 1943—　 ）于1972年提出的间断平衡型。如何方便理解这两种类型呢？我们可以用生物进化简图（见图8-6）来说明这个过程。物种经过一段时间的传代，要么没有发生变化，维持了祖辈的特征（见图8-6中竖直的直线）；要么后代与祖先相比发生了一定的改变，体现在水平位置上出现了偏移，因此通过计算曲线各点的斜率来表征演化的速度。表型的改变量可以具体到某一外形特征，如体长、体重，也可以使用蛋白质氨基酸的改变量等来替换。对于渐变型，图8-6中显示的是倾斜的直线，每一点的斜率都相等，即匀速进化状态；而对于间断平衡型，经常会出现随着时间改变，生物外貌形态并没有显著的变化（竖直线），但是在某些特殊情况下，短时间内就能出现外貌形态的爆发式变化（水平线）。两种进化形式的对比如图8-7所示。

　　在进化论提出的早期，大部分进化学者认同匀速进化理论。渐变型更符合人们的主观直觉：生物演化归因于改变的累积，量变到质变，变化发生大到一定程度时，新的物种就产生了。如果在倾斜的进化曲线上能找到许多点，那么所有的物种都会有过渡种的存在。就像在复式进化中，两栖动物就是鱼类

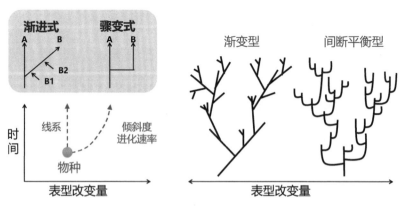

图8-6　物种形成的两种类型

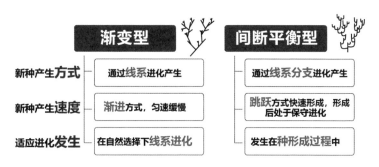

图8-7 两种进化类型的对比

和爬行动物的过渡大类，类人猿是猴子与人的过渡。渐变型使进化的连续性得到了逻辑上的保证。为何之前谈到的象、马、鲸的进化过程非常清晰，这得益于这些物种有各阶段的化石证据。这些哺乳动物的生存年代距离现今不远，其个体的数量足够多才有了完整的化石证据链。然而，获得丰富的化石证据并非易事，有的难以形成化石或者考古学家尚未发现一些化石——不是所有的生物都能形成化石，不是所有的化石都能被人发现。因此人们认为化石证据的欠缺，并不会影响渐变型的匀速进化理论。

有了"化石尚未被发现"这个借口，支持渐变型的人们似乎心中不慌了。但是"未发现的化石是否真的存在"这个担忧，仍令不少研究进化的学者坐立不安。如果真的不存在过渡种呢？自然界并没有排除突然演化的可能性。当1859年达尔文完成《物种起源》时，他认为自己几乎已经解释了有关进化的所有问题，只有一个问题一直觉得很费解，那就是5.4亿～ 5.3亿年前古生代之初的早寒武纪生命突然爆发的奇特现象——许多动物突然出现在化石记录中，而在早期的岩层中却没有找到明显的祖先，这称为"达尔文之惑"[3]。所以，他在《物种起源》中承认无法解释寒武纪化石突然出现这一事实。事实上，进化速度并非达尔文理论的核心内容，自然选择理论没有限定快速或慢速的进化。达尔文对匀速进化的执着可能不是迷之自信，而是来自他与神创论的斗争。物种在短时间内大量出现，这是支持神创论的重要证据。这与《圣经》

深思 8-5

"爆发式增长"和"神创论"都承认物种会短时间内大量产生；它们又有什么不同呢？

内上帝七天创造世界，或者后来"上帝多次毁灭了生物，又重新创造了一批"等观点十分契合。而达尔文有可能就是想通过生物的长时间进化来反驳"神创论"。

随着化石证据的增多，1972年由古尔德和埃尔德里奇在《间断平衡：代替种系发生渐进主义》中提出生物进化的突变理论。强调生物的进化是渐变与突变、连续与间断的统一。认为进化之所以发生，是由于其他物种或亚种偶然闯进了边缘并打破了占支配地位的循环圈，从而使在进化分支中占支配地位的种群在自己的环境中失稳，出现处在边缘的物种或亚种的进化飞跃。具体而言包含下述4个方面：① 新种只能通过线系分支产生，线系进化产生的表型上可区别的分类单位不存在；② 新种只能以跳跃的方式快速形成，一旦形成就处于保守状态，直到下一次种形成事件发生之前；③ 进化是跳跃与停滞相间，不存在匀速平滑渐进的进化；④ 适应进化只能发生在种形成过程中，因为物种在其长期的稳定时期不发生表型的进化改变。

人们不仅观察到非常长时间内表型都没有改变的物种，也发现了似乎是一夜之间出现的物种。如现存的鳄鱼有2亿年没有发生过什么变化了，鲨保持现状达4亿年之久，多细胞的祖先海绵在5亿多年来中规中矩维持着产生时的相貌，这些都是低速进化的实例。还有哪些生物进化速度较慢呢？

想想那些被称为活化石的动植物吧。反之，低于
1 000代产生一个新种可认为是高速进化。如澳大
利亚的有袋类动物的演化，以及人类的演化。如果
你把眼光投向人类驯化的生物，如猫、狗、鸡、猪等，
你就会发现这些生物与自然界中的差别会有多大，
而这些发生时间不过1万年左右。影响演化速度
的因素是什么？首先是生物的自身因素，包括生物
体的结构水平、繁殖方式，以及生物种群的大小和
发生变异的能力。其次是环境因素，包括环境选择
压力促进新种的形成和环境造成物种灭绝，出现了
新的生态位，为新种的发展提供了条件。

　　镶嵌进化也是经常发生的情况，是指进化过
程中生物体形状的各个部分独自地进化突变。镶
嵌进化是由生物在身体构造、机能等方面的发展、
进化不平衡引起的。比如一些鱼拥有具有肺功
能的鱼鳔，虽然整体上的进化仍处于鱼的阶段，
但是干旱、缺氧等特殊的环境要求其具有更多气
体交换的空间，于是肺就超前出现了。羽毛看似
是鸟类独有的结构，而越来越多的证据表明恐龙
身上有羽毛，或者是为了美丽的外表，或者是为
了保暖，但恐龙披上羽毛的初衷显然不是为了飞
翔。镶嵌进化暗示了：在宏观演化的大尺度变化
中，生物体某些结构的特异变化也在持续发生着，
生物在整体和部分各个层面适应着环境的苛刻
要求。

深思 8-6

**镶嵌进化指的是为适应
环境，某些结构超前出
现。那么相反地，随着
环境的变化，生物有哪
些结构是跟不上环境变
化的速度的？你能举出
例子吗？**

● 生命大爆发

中国云南澄江生物群、贵州凯里生物群和加拿大布尔吉斯生物群为著名的地球生命"寒武纪大爆发"化石发现地。其中,在中国云南帽天山的澄江动物化石群发现动物化石200余种,其是迄今为止地球上发现种类最丰富、保存最完整的早寒武纪动物化石群。澄江动物化石群不仅有大量的海绵动物、腔肠动物、腕足动物、软体动物和节肢动物,现今生存的各种动物都能在澄江动物群找到其先驱代表。更绝妙的是,动物柔软的躯体保存极为完整,90%以上还保留了诸如眼睛、附肢、口器、消化道及其中的食物等软体组织印痕。

这一化石宝藏的发现者是云南大学云南省古生物研究重点实验室主任侯先光研究员。1984年,他前往帽天山考察,一周过去一无所获,幸运的是在最后一天鞋跟不慎刮落了一片松动的岩层,意外地发现了第一块化石,从此打开了新世界的大门。1991年,他发现了云南虫(*Yunnanozoon*)属于脊索动物门,可能是最古老的脊索动物。生活在约5.3亿年前寒武纪前期的浅海中。云南虫身体中有一条脊索,这在生命史上是第一次。脊索的出现提高了动物控制身体和对环境的适应能力。云南虫的发现不仅使脊索动物在地球上出现的历史往前推进了1 500万年。同时解决了生物进化论中最棘手的难题之一,即脊椎动物与无脊椎动物两大类别的演化关系。云南虫是无脊椎动物与脊椎动物之间最典型的过渡型物种,在进化生物学上占据十分重要的地位。

澄江化石群持续产出大量令人振奋的发现,不仅包括第3章提到的奇虾化石。还有目前已知最早的共生蠕形动物,首次发现了共生关系中宿主特异性和宿主转移两个重要生态特性的最早化石记录,进一步揭示了寒武纪生命大爆发时期海洋生态系统的多样性和复杂性。此外,还发现了迄今最早的携卵行为——节肢动物朵氏小昆明虫怀中抱有自己的卵,这表明生物开始有意识地保护自己的后代,出现了母爱的行为[4]。

　　除了云南帽天山，最近在我国境内还发现了新的化石群落。2019年中国团队报告了在宜昌长阳地区清江与丹江河的交汇处，发现了距今5.18亿年的寒武纪特异埋藏软躯体化石库，并命名为"清江生物群"。这是进化古生物学界又一突破性发现[5]。

这是物种的归宿吗：物种灭绝

如果要你在生物大爆炸、匀速进化、灭绝这3个名词中选择研究课题，你会选哪个？想必很多人都喜欢生机勃勃、欣欣向荣的生物大爆炸。但是真正关系到人类自身利害关系的，当数对于灭绝的研究。正如来自小品中的名言"我关心的不是我怎么来的，而是怎么没的。"只有深刻理解了历史上物种灭绝的原因，才能解决当前生物快速灭绝的问题，进而保证人类不步灭绝生物的后尘。

物种灭绝史

灭绝是指物种的死亡，物种总体适合度下降到零。这是适者生存的反面情况。历史上有数不清的物种，能留存下来的寥寥无几。

● 灭绝的方式

哪类进化速度的生物更不容易灭绝？实际上慢速进化的物种之所以能看出其进化之慢，正是由于它们活得够久，身体构造能够适应长期自然环境的变化，可以说生存经验丰富，以自身的不变应对环境的万变。但快速进化的物种也是好样的，它们虽然没有选择通用性强的身体构造，但是能够迅速调整，赶在旧的身体被环境淘汰之前，将更适应的新身体传递下去。样子虽然与祖先大相径庭，血液中依然保留着祖先的"火种"。因此，进化的快慢只是生物体对抗灭绝的不同策略，并不能区分哪个是更好的策略。

都是死亡，但灭绝也是有规模差异的。常规灭绝在各个时期不断发生，表现为各类种群中部分物种的替代，即新物种的产生和某些旧物种的消失，对应图8-8中的圆圈圈住的部分。导致常规灭绝的原因也是常规的。首先是生物的内部原因，身体结构和功能的高度特化限制了自身的发展。如火山天池中的鱼类，一旦遭遇干旱导致的天池水干涸，很难短期内进化出肺和腿来找到新水源。考拉以桉树叶为主食，大熊猫以竹叶为主食，如果发生森林大火、植物

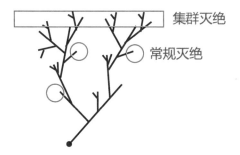

图8-8 灭绝的两种形式

深思 8-7

如果说人类的捕杀是人类灭绝其他物种，改变自然界运行规律的实例，那么人类对弱小动物的有意识保护是否也是在影响自然界规律呢？你对捕杀与保护有什么看法？如果将人类视作自然的一部分，你又如何理解捕杀与保护？

病害等情况，单一的食物来源极易导致物种灭绝。实际上，哺乳动物的食谱还算广泛，考拉和大熊猫都可以进食水果等其他食物。反倒是昆虫，尤其是授粉昆虫，一虫对一花，缺少任何一方，两者就都灭绝了。其次是外部的生存斗争，多少生物扛过了自然的捶打，却死在了其他生物的手中。但自然中的生存斗争并不是导致物种灭绝的主要原因，生存斗争的强度总是有限的，而且可以自动调节，从而避免发生灭绝。几乎没有出现过狮子将斑马吃到灭绝的情形，猎豹和鬣狗间的争斗也没有造成其中一方的消失。如果一山不能容二虎，那么一个向北成为东北虎，一个向南成为华南虎，不至于不死不休。但是生物中人类对灭绝的"贡献"绝对排第一。人类的崛起吃光了猛犸象、渡渡鸟、大海牛等，各种扩张又把剑齿虎、袋狼逼上了绝路，一些人类带入新环境的入侵物种不知不觉地毁掉了许多尚未被发现的物种。

常规灭绝是最常见的方式，犹如个体的生老病

三体人说地球人是"虫
子",但是地球上的虫
子却度过了所有的集群
灭绝事件。对其他物种
来说,集群灭绝并非物
种不"努力"去适应环
境。集群灭绝还符合我
们前面讨论的"自然选
择进化论"吗?

物种在弱的环境压力下
缓慢进化,随着压力增
强会导致集群灭绝,当
压力增大到何种程度
时,自然选择就会失
效?你能举出这种环境
压力的例子吗?

死,物种轮番上台演出,不适合者则退场,将生态位
让给其他物种。但也有几乎所有物种无差别灭绝
的灾难,即所谓的生物集群灭绝或生物大灭绝,整
科、整目甚至整纲的生物在很短的时间内彻底消失
或仅有极少数残存下来。在集群灭绝过程中,往往
是整个分类单元中的所有物种,无论在生态系统中
的地位如何,都逃不过这次劫难,而且还常常是很
多不同的生物类群一起灭绝。但总有其他一些类
群幸免于难,还有一些类群从此诞生或开始繁盛。
集群灭绝对动物的影响最大,而陆生植物的集群灭
绝不像动物那样显著。

● 灭绝的原因

灭绝发生的原因包含内在原因、生存斗争和隔
离。首先,物种在进化过程中,自身结构的高度特
化大大限制了其自身的进一步发展。同时,小种群
内的长期近交则导致了基因变异量降低,使后代不
能适应新的、不断变化的环境而"自然"灭绝。其
次,根据达尔文的"生存斗争"学说,食物链中上层
物种与下层物种之间的竞争,是相互控制、相互依
存、有限制的竞争。另外,在地理和空间上被隔离
的物种容易灭绝。这是由于在相对狭小的分布区
内,物种长期在相似的环境条件下生存,缺乏竞争,
逐渐失去了对突发事件的应变能力。而且被隔离
的时间越长,这种应变能力越弱。一旦遇到剧烈的
环境变化,就很容易灭绝。

环境变化包含球内事件和球外事件。球内事件指地球自身发生的变化，如磁极反转、海平面升降、火山爆发、地球板块构造运动、洋流变化、海洋化学状况和大气层成分的改变、造山运动等。而球外事件则来自外太空，包括太阳耀斑爆发、超新星爆发、小行星或彗星撞击地球等。

地外天体撞击地球，是导致物种灭绝天灾的一种。例如最知名的导致恐龙灭绝的小行星撞击事件。科学家利用计算机模拟后认为地球生命还是比较幸运的。如果小行星以修正后的60°角撞击地球，所释放的含硫气体比以前的数据多了3倍，会使全球地表平均温度在一夜之间猛降26.7摄氏度[6]，将有更多的生物被消灭。

超新星爆发会在短时间内释放大量的高能粒子，长途跋涉到达地球后对生命依然具有杀伤力。自2019年起，猎户座肩膀上的亮星——参宿四的亮度变化非常古怪。天文学家们先是观察到它的亮度急剧持续变暗，达到了近一个世纪以来最弱时刻，而在短短几日又突然变亮。这种剧烈的变化让大家推测其"很快"就会爆发，但天文术语的"很快"意味着从今天到10万年后的任何时间。就算它此刻爆发，我们也要600多年后才能看到，因为参宿四离我们有600多光年。

● **集群灭绝**

地球上的生物已经经历过大大小小众多的灭绝事件，而全球性的集群灭绝事件共有5次（见图8-9）。生物在这5次集群灭绝中岌岌可危，但集群灭绝事件后，顽强幸存的生物又重新占领地球，扩散出像灭绝前一样繁盛的庞大物种。集群灭绝与大爆发交替进行，展现出螺旋上升的生命演化史。

（1）奥陶纪灭绝事件。

发生时间：大约4.4亿年前。

主要表现：全球变冷。

灭绝规模：60%～70%的物种灭绝。

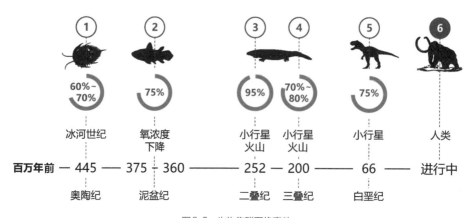

图8-9 生物集群灭绝事件

　　可能诱因：① 陆地漂移。现今撒哈拉沙漠所在的陆地当时位于南极，当大量陆地在极点附近集中时，陆上比海洋更容易形成宽厚的冰川，积累的冰层使大气环流和洋流降温，冷冻了整个地球。② 火山喷发。现今英国所在的地区曾经还发生了3次大规模8级火山爆发，尘埃覆盖了全球，会反射阳光，使全球变冷。③ 天体撞击。一颗直径为10～12千米的天体撞击了地球，巨大尘烟包裹了地球。④ 植物杀手。奥陶纪的低等植物在陆地上的扩张加速了陆地风化作用，并长时间向海洋中释放巨量的营养物质，使得海洋富营养化，海洋微生物因此而繁盛，海洋变成缺氧的环境。缺少氧气的海洋无法将有机质氧化为CO_2，造成了碳循环的破坏，大气中的温室气体CO_2大幅度减少，也加速了全球变冷。在奥陶纪末期，全球平均气温降低超过了10摄氏度[7]。冰川的持续增加使海平面下降，沿海生态系统首先被破坏，进而全球绝大多数生物难以抵御大降温而惨遭灭绝。⑤ 伽马射线。除温度下降的原因外，还有科学家提出有一颗超新星释放出持续了10秒的伽马射线暴，摧毁了地球一半的臭氧层，太阳发出的紫外线无所阻拦地杀死了地表和海面的生物，进而破坏了生物链。此外，高能伽马射线还会激发气体分子产生化学反应，生成强化学活性的"毒气"，导致生物死亡。

（2）泥盆纪灭绝事件。

发生时间：大约3.77亿年前。

主要表现：氧浓度下降。

灭绝规模：75%的物种灭绝。

可能诱因：① 岩浆逸出。由于不明原因，3 000亿立方米的岩浆脱离了地球地幔，从西伯利亚地区的海床裂缝中喷出，海水开始沸腾，生物大量死亡。不仅有高温的物理攻击，岩浆中的化学成分与海水发生反应，生成了酸性物质，毒害了更多的海洋生物。而这一过程持续了10万年之久。② 植物杀手。陆生植物产生的有机质进入海洋，引发海藻的大量繁殖，发生的大规模赤潮消耗了海中的氧气，引起海洋生物的大规模灭绝。

（3）二叠纪灭绝事件。

发生时间：大约2.5亿年前。

主要表现：氧浓度下降，甲烷释放。

灭绝规模：95%的物种灭绝。

可能诱因：① 环境的逐渐改变。可能是海平面改变、海洋缺氧、盘古大陆形成引起的干旱气候。② 环境的剧烈改变。可能是撞击事件、超级火山爆发、海平面骤变，引起甲烷水合物的大量释放。此次灭绝事件是地质年代的5次集群灭绝事件中规模最庞大的一次。

（4）三叠纪灭绝事件。

发生时间：大约2亿年前。

主要表现：全球变化。

灭绝规模：70% ～ 80%的物种灭绝。

可能诱因：与二叠纪灭绝事件类似，由一系列小的灭绝事件穿插形成。

（5）白垩纪灭绝事件。

发生时间：大约6 500万年前。

主要表现：小行星撞击。

灭绝规模：75%的物种灭绝。

可能诱因：① **天体撞击**。直径达10千米的小行星坠落于现今的墨西哥尤卡坦半岛所在地区，相当于60亿颗原子弹爆炸的威力，产生了深达10千米的陨石坑，超过11级地震，在整个地球留下了30厘米厚的铱土层。② **火山喷发**。陨石撞击造成南亚次大陆大规模的火山喷发。无论撞击还是火山爆发都会将大量灰尘送入大气层，长期遮蔽阳光降低了植物的光合作用，从而对全球各地的生态系统造成影响。但也有另一种观点：逐渐改变的海平面与气候使本次灭绝事件缓慢发生。陨石撞击和火山喷发双重灾难导致所有的非鸟类恐龙、沧龙科、蛇颈龙目、翼龙目、菊石亚纲以及多种植物集群灭绝。哺乳动物与恐龙的直系后代鸟类则存活下来，成为新生代地球的主人。

（6）第六次物种集群灭绝？

根据化石记录，地质历史上曾发生了以上5次生物集群灭绝事件，但随着世界人口的急剧膨胀、人类活动的不断升级，地球已进入了一个全新的地质年代——人类世。"人类世"一词最早由1995年诺贝尔奖得主、荷兰大气化学家P. Crutzen提出，他认为18世纪末开始，人类活动对气候及生态系统造成全球性的影响，足以进入一个新的地质年代。另一些学者则将人类世追溯到8 000年前人类开始务农。一项大规模对地球生物的调查显示，世界1/5的哺乳类、鸟类、鱼类、爬行类和两栖类动物正面临灭绝的威胁，而濒危脊椎动物的数量仍在不断增加。全球人口数量在过去的35年大幅增长，但蝴蝶、甲虫、蜘蛛等无脊椎动物的数量同期减少了45%。目前物种的灭绝速率是人类出现前的1 000倍，约75%的物种灭绝了。因此许多科学家认为世界正在经历着"第六次物种集群灭绝"，预计到2050年，目前1/4～1/2的物种将灭绝或濒临灭绝。

灭绝的动物们

● 北极熊为什么不吃企鹅

　　网上曾流传一个脑筋急转弯"北极熊为什么不吃企鹅？"答案并非"北极熊充满爱心放企鹅一马。"而是"北极熊没有机会见到企鹅。"但当人们用企鹅只在南极存在来回答，其实又犯了另一个错误，企鹅也能生存在南极以外的环境。如南非、澳大利亚和南美这些地理位置上靠近南极洲的地方（见图8-10）。由这个脑筋急转弯引申出的本质问题是"为什么北极没有企鹅呢？"

　　现今北极确实没有类似企鹅的生物存在，但是在不远的过去，在北极生存着一种叫"大海雀"（Great Auk）的鸟类，它的模样与企鹅非常相似。事实上，企鹅（penguin）一词出现在16世纪，指的就是大海雀。19世纪时，探险者到达南极第一次看到企鹅，以为这是生长在南极的大海雀，于是称呼它们"penguin"。当北极还有大海雀的时候，北极熊和北极狐还是喜欢吃大海雀的，但让大海雀完全消失的不是这些天然猎食者，罪魁祸首毫无意外的还是人类。大海雀的肉和皮毛使其成为人类捕猎的目标，并且憨态可掬的大海雀十分容易被捕获。大海雀一年产一枚蛋，孵化长达40天，夫妻轮流日夜守着，更容易被一锅端。随着大海雀数量的下降，博物馆纷纷花高价收藏它们的标本，买卖带来了更严重的伤害。当人们意识到大海雀已经亟须保护的时候，其生存地

> **博 闻**
>
> **灭绝物种**
>
> **根据世界自然保护联盟（IUCN）的物种保护级别的标准，原来生活在野外，但在过去50年中没有被再次见到的物种，归为"灭绝"（EX）级别。**

深思 8-9

你知道哪些因人类影响而导致的环境巨变或者灭绝物种吗？

图8-10　南非的企鹅（作者于2017年8月拍摄于南非开普敦）

就只剩冰岛海岸的一个小岛了。1830年，这座小岛也在一次火山喷发中被夷为平地。1844年，3个冰岛渔夫发现了一对不幸的大海雀。渔夫抓住并掐死了大海雀，追捕时无意踩碎了大海雀的蛋。这就是最后有记录的大海雀了。现在这个世界上，只剩下毫无生机的78件大海雀皮毛、75枚大海雀蛋、上千根大海雀的骨骼，以及24具完整骨架。

虽然北极大海雀和南极企鹅完全没有亲缘关系。它们只是在相似的环境中演化出了近似的形态。但面对人类，悲剧有可能会继续在南极企鹅身上发生。有个有趣的科研计划叫"Penguin Watch"（守卫企鹅），是牛津大学和澳大利亚南极局的合作研究项目。打开"Penguin Watch"的网址，就能在里面玩"找不同"的小游戏，其中每一张图片都是科学家拍摄的包含企鹅的照片，网友在玩游戏的同时能够帮助科学家们统计企鹅的数量。

● **旅鸽再多也怕被人惦记**

旅鸽（*Ectopistes migratorius*）是一种外形近似家鸽的鸟类，主要分布于美洲东北部。顾名思义，旅鸽是一种善于长途迁徙的鸟类，每年都会往返于加拿大、美国与墨西哥之间。旅鸽凭借其庞大的规模闻名于世。在19世纪初期，北美旅鸽的种群规模达到了50亿只，而北美的人口数量不足4000万。数以亿只的旅鸽在迁

徙的时候遮天蔽日。观看者会发出感叹"旅鸽是绝
不可能被人类消灭掉的东西。"然而人类还是低估了
自己制造惨案的能力。由于旅鸽肉质鲜美，遭到了人
类变着花样的捕杀，包括但不限于：① 用石头砸——
随便往鸟群中丢块石头就能有所收获；② 用猎枪
打——比丢石头省力效果又好；③ 用火炮轰——后
续大规模的捕杀行为；④ 烧毁栖息地；⑤ 用浓烟
熏；⑥ 用受伤的旅鸽诱捕……到了 1856 年，有些
人已经察觉了旅鸽数量的减少，并且上报给政府，
但是政府并没有亡羊补牢。等人部分人明显感受
到身边的旅鸽已经难以寻觅的时候，早已覆水难
收，旅鸽物种的大船已经不可逆地下沉了。据美国
国家博物馆记录，在 1900 年 3 月之后，再也没人在
野外见过旅鸽。1914 年，世界上最后一只旅鸽"玛
莎"去世，标志着这一物种的正式灭绝。北美的人
们觉得这是大自然的馈赠，不用白不用。但大自然
总是作为人类的"打脸者"，旅鸽从 50 亿只到 0 只
仅仅用了 100 年。旅鸽灭绝的原因除了人类带来
额外的选择压力外，还由于其自身的基因多样性
差，这才导致在环境发生改变时，纵然数量巨大，但
是千篇一律，难以找到脱困的出路[8]。

深思 8-10

灭绝似乎是生物的一个
必然过程，灭绝出现的
先兆是什么？人类社会
现在是否出现了灭绝的
先兆？

● **复活灭绝动物**

　　对于那些已经逝去的物种，我们是否有方法复
活它们呢？分子生物学的发展给人们越来越大的希
望。当克隆羊多莉出生后，哺乳动物克隆给出了复

活灭绝动物的可能性。如今，商业化的宠物克隆技术已经比较成熟，能够帮助那些痛失宠物的主人们再次见到他们的萌宠——至少在基因层面，这些克隆体确实与本体一模一样。遗传物质DNA包含着生命的所有信息，对于那些灭绝时间较久的生物而言，获得其遗传物质的难度较大。即便获得了遗传物质，如何保证其存储的遗传信息的正确性也是一大挑战。毕竟单个碱基的变化就可能导致克隆体的死亡。在电影《侏罗纪公园》中，通过收集被琥珀密封保存的蚊子体内的恐龙血液，科学家得到了恐龙的遗传信息，进而复活了恐龙。但真实情况是千万年前的恐龙DNA是无法保存如此长时间的。就算生物体在冻土或冰层下，遗传物质保存较好，但漫长的时间也会破坏遗传物质的完整性。而灭绝时间距今较短的动物如渡渡鸟，虽然其灭绝的时间距今只有几百年，但它最后的安息地是炎热的毛里求斯，DNA根本无法保存。现在很多国家都有生物多样性的保存中心，通过液氮保存了现有生物的细胞，以备不时之需。很多国家都在试图复活猛犸象，这个灭绝了大约1万年的巨兽。在西伯利亚等地的冻土中，科学家找到了保存相对完整的猛犸象的尸体，DNA的质量也相对较高，并且可以借助现代大象的卵子代孕。让我们期待猛犸象的复活。

复活灭绝动物是有成功的案例的，虽然很短暂。2003年，一只家养山羊产出了一只克隆的灭绝

深思 8-11

复活意味着可以让人永生，是一个大多数人都渴望的事情，自古以来人类所渴望的长生不老，似乎可以用现代的生物技术手段来解决。那么现在的生物技术比如将人冰冻在未来的某一时间"复活"，是可行的吗？或者你能想到什么让人在将来"复活"的手段？

物种比利牛斯山羊。几分钟后，它成为世界上第一只灭绝两次的动物。全球的科研机构对复活灭绝动物乐此不疲，韩国、日本、美国都有复活猛犸象计划，澳大利亚计划复活胃育蛙，南非计划复活白氏斑马。而英国计划复活我们本章中提到的北极大海雀，美国计划复活旅鸽。我们乐见其成，大家拭目以待！

无论哪种生物的灭绝都是悲伤的故事。大自然精心演化而成的作品没有流传下去，湮没在历史的河流中，没有人不为之遗憾动容。但是自然的铁律严苛不容违反，对于没有适应环境变化的物种，大自然的惩罚就是灭绝。但如果以更宏观的角度来看待灭绝，每一次的集群灭绝后，都有欣欣向荣的物种大发展。所谓不破不立，不适应环境的旧物种灭绝为适应环境的新物种产生提供了生态空位。如果没有灭绝，现在统治地球的可能是三叶虫或奇虾等地质史上的老牌霸主。

灭绝的事件也在不断地提醒人类，当前稳定繁荣的生活并非必然，我们只不过是还没有遇到地外天体撞击、超新星爆发、全球火山喷发、雪球地球等环境的骤变。我们在同情被灭绝生物的同时，不妨对自身未来的发展做出更积极的应对。无论如何，请永远相信自然演化的力量。有"生"以来，万物可期！

博　闻

Only if we can understand, can we care; Only if we care, will we help; Only if we help,　shall all be saved.　　　　　——Jane Goodall

唯有理解，才能关心；唯有关心，才能帮助；唯有帮助，才能都被拯救。

——珍·古道尔

珍·古道尔（Jane Goodall）爵士，英国生物学家、动物行为学家和动物保育人士。她长期致力于黑猩猩的野外研究，纠正了许多学术界对黑猩猩长期以来的错误认识，揭示了黑猩猩社群中的秘密。她还热心投身于环境教育和公益事业，由她创建并管理的珍·古道尔研究会是著名的民间动物保育机构，在促进黑猩猩保育、推广动物福利、推进环境和人道主义教育等领域进行了很多卓有成效的工作，由古道尔研究会创立的"根与芽"是目前全球最活跃的面向青年的环境教育计划之一。

看多了演化的实例,你会发现相同的演化方式在历史上多次发生。哪些是演化中的"热门"选择? 可以在微信公众号"生态与演化"中搜索阅读《进化中的偶然与必然:重播生命的磁带》。

"深思"
提示

深思 8-1

蜻蜓挥动翅膀飞翔、蚱蜢凭借大腿跳跃、章鱼的喷水推进、扇贝开合使贝壳移动等都是无脊椎动物的优秀运动结构。

深思 8-2

袋狼、小袋鼠(不是大袋鼠)、袋熊(不是树袋熊)。

深思 8-3

寄生是描述种间关系的一个专有名词,而鮟鱇鱼中雄鱼对雌鱼的行为,可以说是一种类似寄生的关系。

深思 8-4

深思 8-5

"爆发式增长"中所谓的短时间也是数百万年,是指地质时间上相对短。与"神创论"中的几天相比,差别很大。此外,"爆发式增长"并不排斥后续的进化和改变,而"神创论"

认为创造出的生物已定型。

▶ 深思 8-6

　　如人类的牙齿，跟不上人类餐饮的改变。因此现在有龋齿、牙齿不齐、智齿生长歪斜等多种牙齿相关的疾病。再如人类直立行走，脊柱压力相应增大，多会出现各种方向的脊柱错位。其他例子还有难产、乳糖不耐受等。

▶ 深思 8-7

　　人类对动物的保护确实能够起到一些立竿见影的效果，例如对于大熊猫、朱鹮、考拉等的保护，恢复了其种群的数量。但是，人类并不能替代自然的选择。如果这些动物依赖于人类保护，其将在自然环境中变得更加脆弱。

▶ 深思 8-8

　　集群灭绝是符合"自然选择"的理论的，这是物种整体不适应而全部遭到淘汰的情况。使物种灭绝，体现出了自然选择的威力。环境压力达到一定程度，没有任何生命可以生存下去。物种就无法继续繁衍，也无所谓后续的选择。这种巨大的压力包括地球被膨胀成红巨星的太阳所吞没，地球都不复存在，地球上的生命也就终止了。

▶ 深思 8-9

　　环境巨变有全球的温室效应、局部地区由于过度砍伐和放牧导致的沙漠化，以及因过度捕食、栖息地破坏、外来物种入侵、核废水、微塑料、超级细菌等使环境产生的变化。受人类影响灭绝的物种有袋狼、渡渡鸟、白鱀豚等。

▶ 深思 8-10

　　生物种群数量短时间大幅度降低就是灭绝的先兆。人类少子化问题如果扩展到全球,将成为灭绝的先兆。

▶ 深思 8-11

现有"冬眠"技术尚不成熟,无法保证冷冻后可以再次醒过来。未来可能使人复活的技术包含但不限于:① 冬眠技术,② 克隆技术,③ 意识数字化技术,④ 干细胞修复技术。

参考文献

[1] RAY S, LI M, KOCH S P, et al. Seasonal plasticity in the adult somatosensory cortex[J]. Proceedings of the National Academy of Sciences, 2020, 117(50): 32138–32144.

[2] SWANN J B, HOLLAND S J, PETERSEN M, et al. The immunogenetics of sexual parasitism[J]. Science, 2020, 369(6511): 1608–1615.

[3] SMITH M P, HARPER D A T. Causes of the Cambrian explosion[J]. Science, 2013, 341(6152): 1355–1356.

[4] CONG P, MA X, WILLIAMS M, et al. Host-specific infestation in early Cambrian worms[J]. Nature Ecology & Evolution, 2017, 1(10): 1465–1469.

[5] FU D, TONG G, DAI T, et al. The Qingjiang biota — a Burgess Shale-type fossil Lagerstätte from the early Cambrian of South China[J]. Science, 2019, 363(6433): 1338.

[6] Artemieva N, Morgan J, Party E S. Quantifying the release of climate-active gases by large meteorite impacts with a case study of Chicxulub[J]. Geophysical Research Letters, 2017, 44(20): 10180–10188.

[7] LENTON T M, CROUCH M, JOHNSON M, et al. First plants cooled the Ordovician[J]. Nature Geoscience, 2012, 5(2): 88–89.

[8] MURRAY G G R, SOARES A E R, NOVAK B J, et al. Natural selection shaped the rise and fall of passenger pigeon genomic diversity[J]. Science, 2017, 358(6365): 951–954.

后 记

"老师，为什么不写本书呢?"在"生态与演化"的课堂上，总会有学生这样建议，"这样我们课后也能系统阅读了"。作为上海交通大学的一流本科课程，"生态与演化"承载着太多难忘的回忆：其他院系学生跨专业选课的热情，同学们"二刷"课程的执着，特殊时期网络课堂上家长与学子同屏共学的温馨画面……这些让我产生了愈发强烈的愿望：将我的学识，以及参阅数十本专著、上百篇文献积累的知识，通过书传递给更多人。历经3年笔耕不辍，这本书终于即将付梓，此刻的我，心中充满感激。

首先，感谢学校提供的包容创新的教学环境。正是这份支持，让许多新奇的教学设想得以实现并推广。在我参加教学竞赛期间，资深教师们的悉心指导，使课程在短时间内就成为深受学生喜爱的精品课程，并成功上线服务更多求知者。

其次，感谢每一位选课学生的热爱与投入。我始终秉持"有趣、前沿、启发"的教学理念，带领同学们研读顶刊文献、汇编学术书籍、制作科普推文、开展博物馆实践等。感谢你们以饱满的热情参与每一次"折腾"，用年轻的视角为课程注入新的活力。

特别要感谢历届课程助教们——覃锦程、李凯、曹莲莹、闻远、刘倩、张雪、李婷婷、姚继雯、梁宇晨、黄振宇、李超。这些优秀的研究生在繁重的科研之余，以卓越的专业素养和无私的奉献精神投入课程建设。多人荣获学校"卓越助教奖"，这份荣誉是对他们付出的最好肯定。在本书编写过程中，他们提供了宝贵的建议，特别是姚继雯、张雪、梁宇晨3位博士生对书稿的细致校对，

让内容更贴近年轻读者的需求。

生命科学快速发展，创新观点不断涌现。本书作为理解演化理论的知识路标，既需承载已有共识，也必然面临新证据的检验。文中若有论证偏差或进展遗漏，诚盼读者不吝指正。愿以演化论者的批判精神，共同拓展科学认知的边界。

这本书不仅是课程理论的编纂，更承载着师生共同探索的星火，愿它化作一扇窗，让更多年轻人在生命演化的长卷中看见科学的光亮——那里有过去的智慧、当下的突破，更期待着你们书写未来的答案。

刘晨光

2025年2月